普通高等学校“十二五”规划教材

通信系统仿真实验

主　编　杨育红
编　著　王　彬　韩　乾　郭　彬
郭　虹　辛　刚　李永才
陈阿君　王　鹏

国防工業出版社
·北京·

内容简介

本书以某通信系统实践教学平台为基础，向读者介绍Simulink系统软件的使用，通过大量系统仿真实例程序详细地阐述了Sumulink的基本原理及其使用方法。

全书主要介绍了卫星通信系统的基本概念、系统仿真的概念、Sumulink软件的使用概要、部分通信仿真模块参数说明、典型卫星通信链路仿真的设计与实现等内容，并在附录中给出了结合本书内容设计的实验，相关的实验代码可登录相关网站进行下载以供参考。

本书适合于通信工程、电子信息工程专业高年级的本科生、研究生学习使用，也可供相关工程技术人员参考。

图书在版编目(CIP)数据

通信系统仿真实验/杨育红主编. —北京：国防工业出版社，2015.7(2016.7重印)
普通高等学校"十二五"规划教材
ISBN 978-7-118-10038-9

Ⅰ.①通... Ⅱ.①杨... Ⅲ.①通信系统-系统仿真-实验-高等学校-教材 Ⅳ.①TN914-33

中国版本图书馆CIP数据核字(2015)第171874号

※

国防工業出版社 出版发行
(北京市海淀区紫竹院南路23号 邮政编码100048)
天利华印刷装订有限公司印刷
新华书店经售

*

开本 787×1092 1/16 印张 9 字数 213 千字
2016年7月第1版第2次印刷 印数 2001—4000 册 定价 28.00 元

国防书店：(010)88540777　　发行邮购：(010)88540776
发行传真：(010)88540755　　发行业务：(010)88540717

前　言

对于 Matlab 语言，由于其语法的简洁性，代码接近于自然数学描述方式以及丰富的专业函数库，使其在各个专业领域都得到了广泛的应用。尤其在教学、科研、工程领域，Matlab 已经成为众多科学研究者不可或缺的工具。而对于 MathWorks 家族的另一成员——Simulink 来说，用户对它的熟知程度远不及 Matlab。当你接触到 Simulink 并对它有一定了解时，你会被它展现出的不一样的编程方式和仿真效果所吸引。Simulink 是一个采用图形框图对系统进行模拟与仿真的软件平台。在该平台上可对动态系统进行建模、仿真和分析。平台支持线性和非线性系统，能够在连续时间域、离散时间域或者两者混合时间域里进行建模，它同样支持具有多种采样速率的系统。Simulink 经过多年的发展，平台日趋成熟，其应用也备受科研工作者、学生、工程技术人员的关注。本书以通信系统实践教学平台为基础，向读者介绍 Simulink 系统软件的使用。书中提到的内容均来自作者在平台开发过程中，使用 Simulink 软件的经验和体会，希望这些能够给使用或是想要学习 Simulink 的读者提供一点小小的帮助。

Simulink 由 Simulink 引擎和一个包含了丰富系统模块的 Simulink 模块库组成。通过多年不断的版本更新，Simulink 充分扩展了以各种应用为核心的专业模块库。如信号处理模块库（Signal Processing Blockset）、通信模块库（Communications Blockset）、射频模块库（RF Blockset）等。本书从系统的角度介绍通信仿真的整个流程，仿真模型构建的过程中主要用到以上三个模块库。在讨论系统模型构建的过程中，我们先从构建模型的基本元素——模块入手，对信号的产生处理流程进行分析。使读者能够通过本书了解到 Simulink 在通信系统仿真中的应用。

本书共有 4 章。第 1 章主要对单路单载波话音数据传输系统、中速率通信系统、广播系统三种通信系统的原理、系统结构相关性能指标做一个简单的介绍。通过这一章使读者可以对三种通信系统有一定的了解。学习了这章的基础知识以后，在后面第 4 章介绍三种系统模型时，读者会对整个模型有更深入的了解。同时读者也会体会到将实际系统抽象为系统模型的整个过程。

第 2 章主要针对系统仿真的概念和 Simulink 平台工具进行介绍。通过对系统仿真概念的介绍使读者理解仿真对实际工作学习的意义并对系统仿真的整个流程有一个初步的认识。同时本章会对 Simulink 几个主要功能进行讲解，让读者能够熟练 Simulink 这一图形化的开发工具，而且本章还将简要介绍 Simulink 工作原理，帮助读者深入理解 Simulink 开发平台。

第 3 章围绕通信系统仿真中经常使用到的模块进行讨论。主要涉及通信模块库、射频模块库、信号处理模块库三个模块库中的模块，同时还增加了一些对自定义模块的讲解。3.2 节对部分模块进行了功能和性能的验证，搭建了简单的仿真链路。在介绍讲解仿真模块时，本章按照功能对模块进行了分类介绍。通过对模块内部构造、参数设置的讲解，使读者能够迅速地掌握使用模块，能够进一步学会自定义读者所需要的模块。

第 4 章以典型卫星通信链路为例，介绍了通信系统仿真建立的具体流程。从系统结构框图到建模流程框图再到具体模型建立，一步步详细地讨论了系统建模仿真的整个过程，并以实际搭建的系统模型为例进行介绍。在本章的最后，对搭建出的系统模型进行了功能和性能的验证，对结果进行了相关的分析讨论，以证明整个系统仿真设计达到实际的性能指标。

本书有如下特点：

(1) 可操作性、可实现性强。本书从通信系统的基本原理入手讨论仿真建模、编程实现、系统各功能分析验证和系统链路性能分析。通过大量仿真实例使读者能够快速地了解 Simulink 仿真平台设计软件。

(2) 专业性强。本书的仿真系统模型都来源于实际典型的卫星通信系统，通过仿真模块的搭建完成对实际系统物理层和链路层传输过程的完整再现。对于从事卫星通信研究和相关工程技术的人员来说具有很大的参考价值。

(3) 难易适中、结论性强。不同于其他的专业通信技术教材，本书侧重于工程实践。书中内容所涉及理论上的公式侧重于实现和应用，弱化了其理论推导的过程，对于常用到的知识点只给出结论性公式，对于实际的工程应用有一定的指导意义。

本书是以 Matlab/Simulink R2009a 版本为例进行介绍，书中所有的仿真实例均来源于教学工程实现，具有较高的实用性和可靠性。本书的附录给出了部分的研究报告及问题讨论，这些研究报告和问题讨论一般是对实际工程问题的抽象和对 Simulink 应用的升华，许多问题的设计给读者预留了很大的空间，以便提出更好的设计思想，答案可以灵活多样。

本书所有实例的模型文件和程序代码都可登录网址进行下载（具体网址是：www.ndip.cn），以供读者学习研究。本书可供通信工程、电子信息工程专业高年级的本科生、研究生和相关的工程技术人员进行参考。书中用到了专业的通信知识，读者需查阅相关的通信原理书籍进行参考。

本书的第 1 章由杨育红、王彬、郭虹编写，第 2 章由郭彬、王鹏、陈阿君编写，第 3 章由辛刚、陈阿君、韩乾、李永才编写，第 4 章由杨育红、王彬、韩乾编写。

由于作者水平有限，书中难免存在一些不足甚至错误之处，请广大读者批评指正。作者的电子邮箱地址是 hanqian476@163.com。

作者

目　录

第 1 章　通信系统概述……………………………………………………… 1

1.1　通信系统的基本概念………………………………………………… 1

1.2　卫星通信系统概述…………………………………………………… 3

1.2.1　卫星通信系统的组成及网络形式 ………………………………… 3

1.2.2　卫星通信系统工作频段 …………………………………………… 4

1.2.3　卫星通信体制概述 ………………………………………………… 5

1.3　典型卫星通信系统概述 ……………………………………………… 10

1.3.1　单路单载波话音数据传输系统…………………………………… 10

1.3.2　中等数据速率传输系统…………………………………………… 12

1.3.3　卫星 DVB－S 系统………………………………………………… 14

第 2 章　系统仿真平台 ……………………………………………………… 18

2.1　系统仿真概念与流程 ………………………………………………… 18

2.1.1　通信系统仿真的概念……………………………………………… 18

2.1.2　通信系统仿真的流程……………………………………………… 18

2.2　Simulink 工具应用 …………………………………………………… 20

2.2.1　Simulink 简介 ……………………………………………………… 20

2.2.2　Simulink 编程语言——S 函数 …………………………………… 20

2.2.3　Simulink 子系统的创建…………………………………………… 28

2.2.4　Callback 子程序的使用 …………………………………………… 31

2.3　VC＋＋控制调度的实现……………………………………………… 32

2.3.1　Matlab 引擎的使用………………………………………………… 32

2.3.2　基于 COM 组件的窗口嵌入方法 ………………………………… 33

2.3.3　应用实例…………………………………………………………… 34

第 3 章　系统功能模块设计与实现 ………………………………………… 37

3.1　通信系统仿真模块 …………………………………………………… 37

3.1.1　信源模块…………………………………………………………… 37

3.1.2　信源编码/解码模块 ……………………………………………… 38

3.1.3　信道编码/译码模块 ……………………………………………… 45

3.1.4 调制/解调模块 …… 56
3.1.5 多路复用/分接模块 …… 63
3.1.6 射频模块 …… 68
3.1.7 信道模块 …… 75
3.1.8 滤波模块 …… 77
3.1.9 信号观测模块 …… 80
3.1.10 测量模块 …… 82
3.1.11 BER 分析工具 …… 83
3.2 通信系统模块功能分析验证 …… 85
3.2.1 PCM 编码/解码模块的验证及分析 …… 85
3.2.2 DM 编码/解码模块的验证及分析 …… 88
3.2.3 DPCM 编码/解码模块的验证及分析 …… 89
3.2.4 汉明码编码/译码模块的验证及分析 …… 89
3.2.5 BCH 编码/译码模块的验证及分析 …… 91
3.2.6 RS 编码/译码模块的验证及分析 …… 95
3.2.7 卷积码编码/译码模块的验证及分析 …… 97
3.2.8 MFSK 调制/解码模块的验证及分析 …… 98
3.2.9 MPSK 调制/解码模块的验证及分析 …… 101
3.2.10 QAM 调制/解码模块的验证及分析 …… 104
第4章 典型卫星通信链路仿真的设计与实现 …… 106
4.1 单路单载波话音数据传输系统 …… 106
4.1.1 链路仿真建模 …… 106
4.1.2 链路实现及验证 …… 107
4.2 中等数据速率传输系统 …… 110
4.2.1 链路仿真建模 …… 110
4.2.2 链路实现及验证 …… 110
4.3 DVB－S 卫星广播链路 …… 116
4.3.1 链路仿真建模 …… 116
4.3.2 链路实现及验证 …… 116
附录1 调制与编码权衡研究报告 …… 130
附录2 ITU 标准 SCPC 通信系统体制研究报告 …… 134
参考文献 …… 138

第1章　通信系统概述

1.1　通信系统的基本概念

通信的目的在于传递信息，将完成信息传递所需全部设备和传输媒质的总和称为通信系统。典型通信系统的模型如图 1-1 所示。

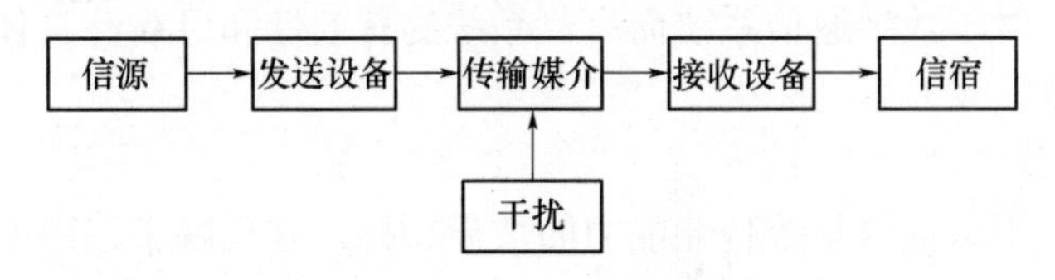

图 1-1　通信系统的一般模型

系统中的信源是指发出信息的信息源，其作用是把各种可能消息转换成原始电信号。发送设备是将信源发出的信息转换成适合在信道中传输的信号形式。对应不同的信源和不同的通信系统，发送设备有不同的组成和功能。对于数字通信系统而言，发送设备常常包含基带处理和频带处理两部分，基带处理包括信源编码、信道编码以及为达到某些特殊要求所进行的各种处理，如多路复用、保密处理等；频带处理包含频率变换、滤波、功率放大等频带部分。传输媒介又称为通信信道，分为无线信道和有线信道。在有线信道中电磁信号（或光信号）被约束在某种传输线（架空明线、电缆、光缆等）上传输；在无线信道中电磁信号沿空间（大气层、对流层、电离层等）传输。无线媒介可以利用的频段从中、长波到激光，有较宽的频段，用不同性能的设备和配置方法，可以组成不同的通信系统。信道如果按传输信号的形式又可以分为模拟信道和数字信道。接收设备的基本功能是完成发送设备各项处理的“反变换”，即进行解调、译码、解密等。它的任务是从带有干扰的信号中正确恢复出原始消息，对于多路复用信号，还包括解复用设备用以实现正确分路。信宿是信息传送的目的地，也就是信息接收者。它是将复原的原始电信号转换成相应的消息。噪声源是系统内各种干扰影响的等效结果。系统的噪声来自各个部分从发出和接收信息的周围环境、各种设备的电子器件到信道所受到的外部干扰，这些都会对信号形成噪声影响。通信系统设计的主要任务就是克服噪声的影响。

以上所述是单向通信系统，但在大多数场合下，通信双方是收发兼备的，以便随时交流信息，实现双向通信，电话就是一个最好的例子。如果两个方向有各自的传输媒介，则双方都可以独立进行发送与接收，但若共享一个传输媒介，则必须用频率、时间或空间分配等办法来共享。

现代通信中常用的是数字通信系统，如图 1-2 所示。

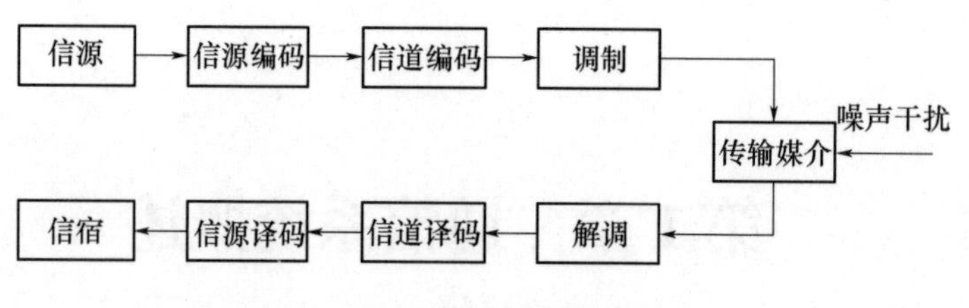

图 1-2　数字通信系统的组成

除图 1-2 中基本功能模块以外，根据不同的通信体制和要求还会有其他的处理过程，比如数据加密、扩频调制等。

在实际通信系统中，为了衡量系统的传输质量，通常用有效性和可靠性作为衡量通信系统的最重要的性能指标。前者表示通信系统传输信息的数量，后者反映通信系统传输信息的质量。对于数字通信系统而言，系统的有效性和可靠性具体可用传输速率和传输差错率来衡量。

1. 传输速率

传输速率是衡量通信系统传输能力的质量指标，它反映了系统的有效性，常用的有以下 3 种指标：

(1) 码元速率（R_s）。携带消息的信号单元称为码元，单位时间内传输的码元数称为码元速率，又称码元传输速率，单位为波特（Baud）。

(2) 信息速率（R_b）。在单位时间内传输的平均信息量称为信息速率，也称为比特率。单位是比特/秒(b/s 或 bps)。

码元速率和信息速率有以下关系：

$$R_b = R_s \log_2 N \quad \text{(b/s)} \tag{1-1}$$

$$R_s = \frac{R_b}{\log_2 N} \quad \text{(Band)} \tag{1-2}$$

(3) 频带利用率(η)。频带受限制的信道简称为频带受限信道，常用“频带利用率”来衡量传输系统的有效性。它是指单位频带内所能实现的码元速率或者信息速率。

$$\eta = \frac{\text{码元速率}}{\text{带宽}} \quad \text{(Baud)} \tag{1-3}$$

或者

$$\eta = \frac{\text{信息速率}}{\text{带宽}} \quad \left(\text{b / (s•Hz)}\right) \tag{1-4}$$

2. 传输差错率

传输差错率是衡量数字通信系统的可靠性的性能指标。错误率又分为误比特率和误码率。

(1) 误比特率：

$$P_b = \frac{\text{错误比特数}}{\text{传输比特数}} \tag{1-5}$$

(2) 误码率：

$$P_s = \frac{错误码元数}{传输总码元数} \tag{1-6}$$

用二元码传输时，$P_b = P_s$，而用 M 元码传输时，两者不等。

1.2 卫星通信系统概述

卫星通信是地球上（包括水面、地面和低层空间）的无线电通信站利用人造卫星作为中继站转发无线电波建立通信联系的一种手段。与其他通信方式相比，卫星通信具有通信距离远，覆盖面积大；便于实现多址联接；通信频带宽，传输容量大；机动灵活；通信线路稳定可靠，传输质量高；成本与通信距离无关等优点。但是，卫星通信在技术上还存在一些缺点，比如：对通信卫星可靠性要求高，通信卫星寿命有限；通信卫星的发射与控制技术比较复杂；卫星通信具有较大的信号传输延迟和回声干扰等。

1.2.1 卫星通信系统的组成及网络形式

卫星通信系统是一个非常复杂的系统，它由地面部分和空间部分组成。主要包括通信地球站分系统、跟踪遥测指令分系统、监控管理分系统及空间分系统等四大部分，如图 1-3 所示。其中跟踪遥测指令分系统对卫星进行跟踪测量，控制其进入静止轨道上的指定位置，并对在轨卫星的轨道、位置及姿态进行监视和校正。监控管理分系统对在轨卫星的通信性能及参数进行业务开通前的监测和业务开通后的例行监测和控制，以保证通信卫星的正常运行和工作。空间分系统即通信卫星，其主体是通信装置（包括天线和转发器），保障部分则有星上的遥测指令、控制装置和能源装置等。地面的跟踪遥测指令分系统和监控管理分系统，及与空间相应的系统并不直接参与通信，所以很多场合所述的卫星通信系统仅由卫星转发器和通信地球站组成。

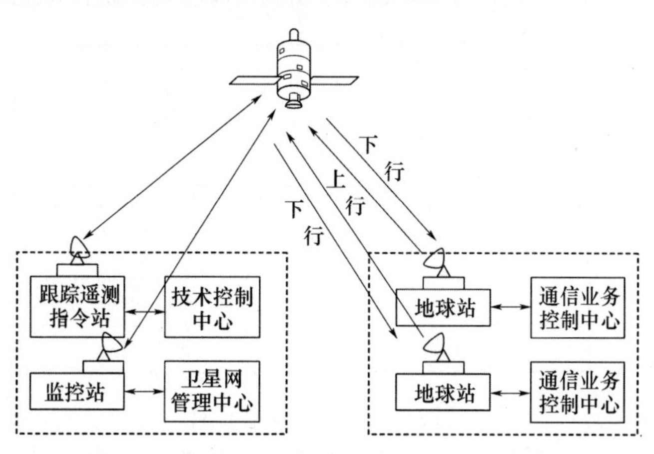

图 1-3　卫星通信系统的基本组成[1]

与地面通信系统类似，每个卫星通信系统都有一定的网络结构，使网络中各地球站能够通过卫星按照一定形式进行通信。卫星通信网络有星型、网格型和混合型三种形式，网络拓扑结构如图 1-4 所示。在星型网络中，外围各边远站仅与中心站直接通过卫星进行通信，边远站之间不能直接通过卫星直接通信，只能经中心站转接才能建立联系。在星型 VSAT 网中，中心站的天线尺寸较大，发射功率较大，而边远站的天线尺寸较小，发射功率较小。网格型网络中，各站彼此可经卫星直接通信。混合型有两种形式，一种是星型和网格型混合形式；另一种通常是星型网络结构，各边远站之间的话音信号直接通过卫星进行通信，信令等控制信号则通过中心站进行转接。

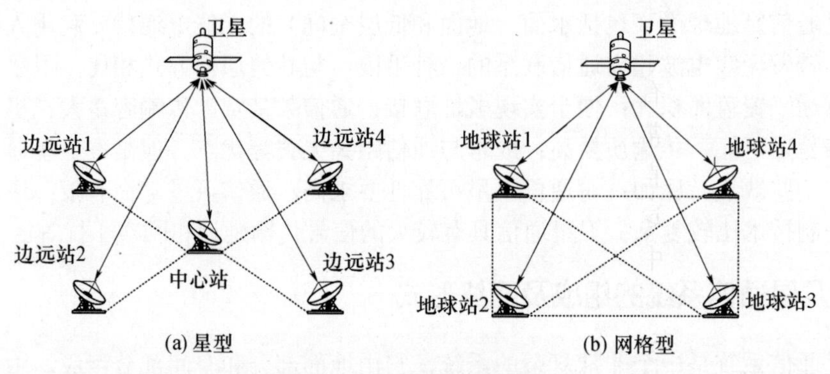

图 1-4　卫星通信网络结构

1.2.2　卫星通信系统工作频段

卫星通信工作频段的选择直接影响整个系统的传输容量、质量、可靠性、设备的复杂性和成本的高低，还将影响与其他通信系统的协调能力。通常，将卫星通信使用的频率范围选在微波波段（300MHz~3000GHz），且必须高于 100MHz，以便不受电离层的影响。世界无线电行政会议规定，卫星通信的使用频段为 136MHz~275GHz，但是，中间有许多频段被航天、移动、广播、海上等领域使用。目前，大多数卫星选择频段如下：

UHF 波段	400/200MHz
L 波段	1.6/1.5GHz
C 波段	6/4 GHz
X 波段	8/7 GHz
Ku 波段	14/12 GHz
	14/11 GHz
Ka 波段	30/20 GHz

卫星通信的频段还在向更高频段扩展，如 30/20GHz 的频段已开始使用，其上行频率为 27.5～31GHz，下行频率为 17.7～21.2GHz，该频段所用带宽可达 3.5GHz，但降雨影响严重。此外，低于 2.5GHz（处于 UHF 频段）的频率大部分用于非同步卫星或移动业务的卫星通信。

1.2.3 卫星通信体制概述

通信体制是指通信系统所采用的信号传输方式和信号交换方式。卫星通信系统的通信体制除了有一般无线通信均要涉及到的基本信号形式和调制方式外，还包含多址联接方式、卫星信道的分配方式等内容。通常，按照所采用的基带信号处理方式、调制方式、多址联接方式、信道分配及交换制度的不同来描述不同的卫星通信系统体制。

1. 基带处理部分

在数字卫星通信系统中，基带信号处理包括信源编码与译码、信道编码与译码、加扰与解扰、复用/复接与解复用/分接等环节。

1) 信源编码

卫星通信中主要有语音和图像两种业务，不同的业务采用不同的信源编码方式。

对于话音业务，常用的话音信号压缩编码方式有波形编码、参数编码和混合编码方式。波形编码是一种直接将时域信号转换成数字代码的编码方式，其编码信号与原输入信号基本保持一致。这种方式的特点是信号的信噪比高。脉冲编码调制和自适应增量调制都属于这一类。其中，通用的 PCM 系统的数码率为 64Kb/s，话音质量达到了长途电话通信网的标准要求，在大、中容量民用数字卫星通信系统中应用广泛。自适应差分脉码调制（ADPCM）在数码率为 32Kb/s 的情况下，可达到 64Kb/s 的 PCM 系统的质量，且信道利用率提高一倍，并在许多实际系统中得到了应用。ΔM（DM）系统虽然也压缩了数码率，可以工作在 32Kb/s 或 16Kb/s，但其话音质量不如 PCM 和 ADPCM。参数编码是一种以发声机制模型为基础的编码方式，是将其转换成为数字代码的一种编码方式。参数编码的压缩比很高，但是通常话音质量只能达到中等水平。如数字移动通信系统中和卫星移动通信系统中使用的线性预测编码（LPC）及其改进型，传输速率可压缩到 2~4.8Kb/s，甚至更低，但是此时收端的话音仍能保证相当程度的可懂度。混合编码综合了波形编码和参数编码的优点，使编码后的数字话音既包含话音特征参量，又包含部分波形编码信息。如多脉冲激励线性预测编码系统、正规脉冲激励编码系统和码激励线性预测编码系统等。混合编码可以将速率压缩至 4~16Kb/s，在此范围内能够获得良好的话音效果。

对于图像信号而言，可以分成两种情况：一是广播电视信号，另一种是会议电视信号。对于广播电视信号，不进行频带压缩的传输速率高达 160Mb/s，一般采用帧内差值脉冲编码方式（DPCM），把传输速率压缩至 34Mb/s 以下。对差值的量化仍采用非线性压扩特征。目前国际上已有的高效图像编码技术和标准有 MPEG-2、MPEG-4、H.264 等。对于变化较小的视频会议电视信号，一般编码传输速率倾向于采用 1.5~2.0Mb/s，对于这种信号的编码，多采用帧间和帧内预测相结合的方法。

2) 信道编码

在数字卫星通信中，广泛应用差错控制技术，以提高系统通信可靠性。常用的有循环冗余校验（CRC）和前向纠错（FEC）技术。

循环冗余校验（CRC）是在发端产生具有某种特殊数学结构的 CRC 码，与数据一起发射出去。在收端采用与发端相同的 CRC 码，并与发射的码进行比较，若一致，则认为接收的数据与发射的数据是完全相同的，否则认为接收数据中存在错误。

前向纠错（FEC）的方法是通过增加冗余比特，以发现或者纠正错误。与未编码时相比，误码性能明显改善，这种改善可以用编码增益来描述。在给定误比特率条件下，未编码与编码传输的归一化信噪比 E_b/N_0 之差称为编码增益。在数字卫星通信中主要采用分组码和卷积码，近年来，高效新型编码（如 Turbo 码、LDPC 码）的应用也日趋广泛。在给定误比特率为 10^{-5} 时，采用分组码的编码增益为 3~5dB，采用卷积码并进行维特比译码可以获得 4~5.5dB 的编码增益，采用 RS 分组码和卷积码、维特比译码的级联码可以获得编码增益为 6.5~7.5dB。

3) 扰码

在数字卫星通信中为了便于提取比特定时信息并进行能量扩散，通常需要对原信号进行加扰以改变原信号的统计特性再进行传输，通常是用 PN（伪随机码）序列与数字基带信号序列进行模 2 加来实现加扰。接收时，则用与发端相同的 PN 序列跟解调出的数字基带信号序列进行模 2 加进行解扰，从而恢复原数字基带信号。

2. 卫星通信中的调制部分

在卫星数字通信系统中多采用 PSK、FSK 和以此为基础的其他调制方式。从功率有效角度，常用 QPSK、OQPSK、MSK 和 GMSK 等调制方式；从频谱有效角度来看，常用 MPSK、MQAM 等调制方式；此外，还有格型编码调制 TCM 和多载波调制等新技术也在卫星通信中得到应用。

3. 卫星通信中的多址联接部分

多址联接是指多个地球站通过共同的卫星，同时建立各自的信道，从而实现各地球站相互之间通信的一种方式。多址方式的出现，大大提高了卫星通信链路的利用率和通信连接的灵活性。目前常用的多址方式有 FDMA、TDMA、CDMA 和 SDMA 以及它们的组合形式。此外，还有利用正交极化的极化分割多址联接方式等。

1) 频分多址（FDMA）方式

当多个地球站共用卫星转发器时，如果根据配置的载波频率的不同来区分地球站的站址，这种多址联接方式称为频分多址。其基本特征是把卫星转发器的可用射频带宽分割成若干互不重叠的部分，分配给各地球站作为所要发送信号的载波使用。由于各载波的射频频率不同，可以区分开不同的地球站。FDMA 上行和下行线路工作原理如图 1-5 所示。

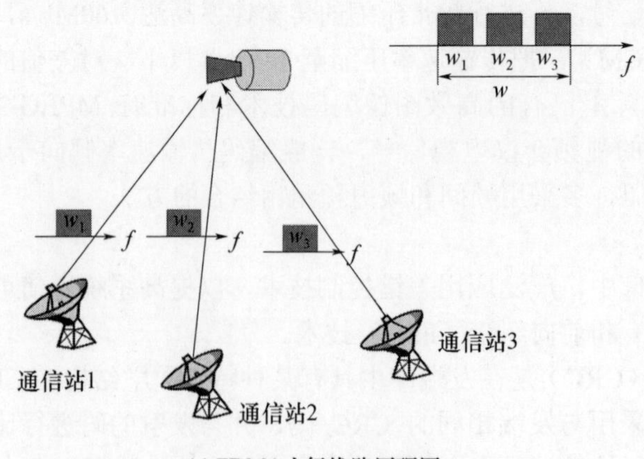

(a) FDMA上行线路原理图

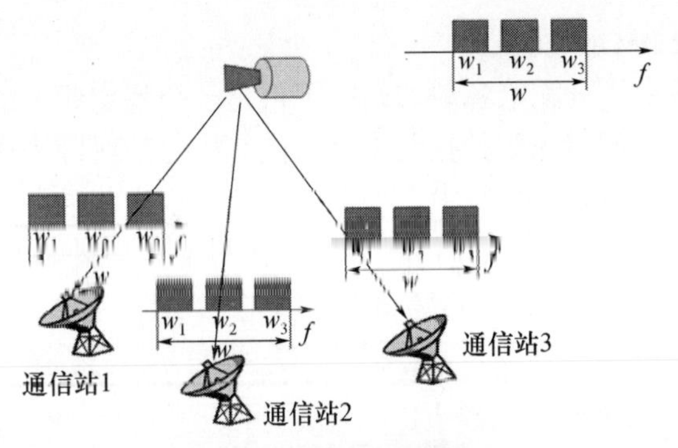

(b) FDMA下行线路原理图

图 1-5　FDMA 工作原理图

频分多址有单址载波、多址单载波和单址单载波三种处理方式。其中，单址载波方式是指每个地球站在规定的频带内可发多个载波，每个载波代表一个通信方向，如图 1-6 所示。如果系统有 n 个地球站，则每个地球站需发$(n-1)$个载波，而转发器则要转发$n(n-1)$个载波。多址载波(MPC)方式是指每个地球站只发一个载波，在基带中利用 FDM、TDM 多路复用方式将不同的频率或时隙划分给不同的目的地球站，如图 1-7 所示。单路单载波（SCPC）方式是指每个载波只传送一路话音或数据信号，如图 1-8 所示。

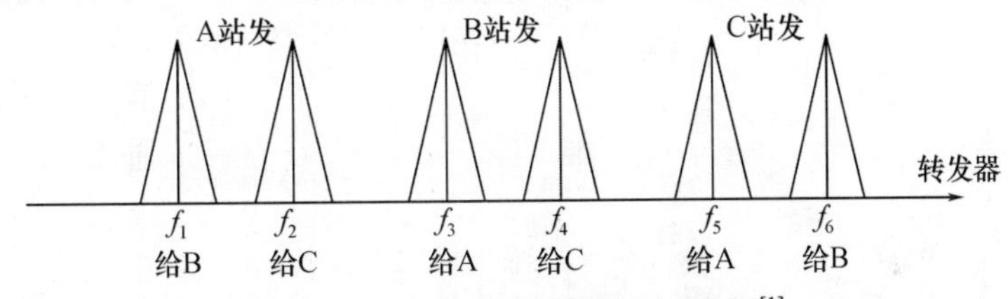

图 1-6　FDMA 单址载波排列示意图[1]

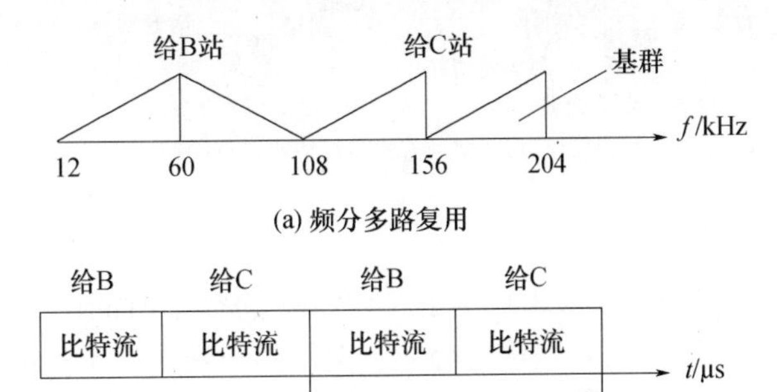

图 1-7　基带多路复用中的信道定向[1]

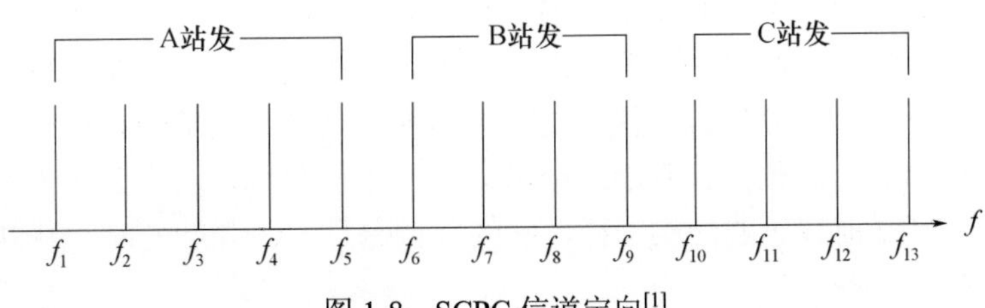

图 1-8　SCPC 信道定向[1]

2) 时分多址（TDMA）方式

在 TDMA 方式中，分配给各地球站的不再是一个特定频率的载波，而是一特定的时隙。各地球站在定时同步系统的控制下，只能在指定的时隙内向卫星发射信号，而且时间上互不重叠。在 TDMA 系统中，地球站中有一个为基准站，为其他各站发射定时基准，基准站常由某一地球站兼任，各地球站按规定的时隙依次向卫星发射信号。图 1-9 以三个地球站为例，给出了 TDMA 系统的工作示意图。

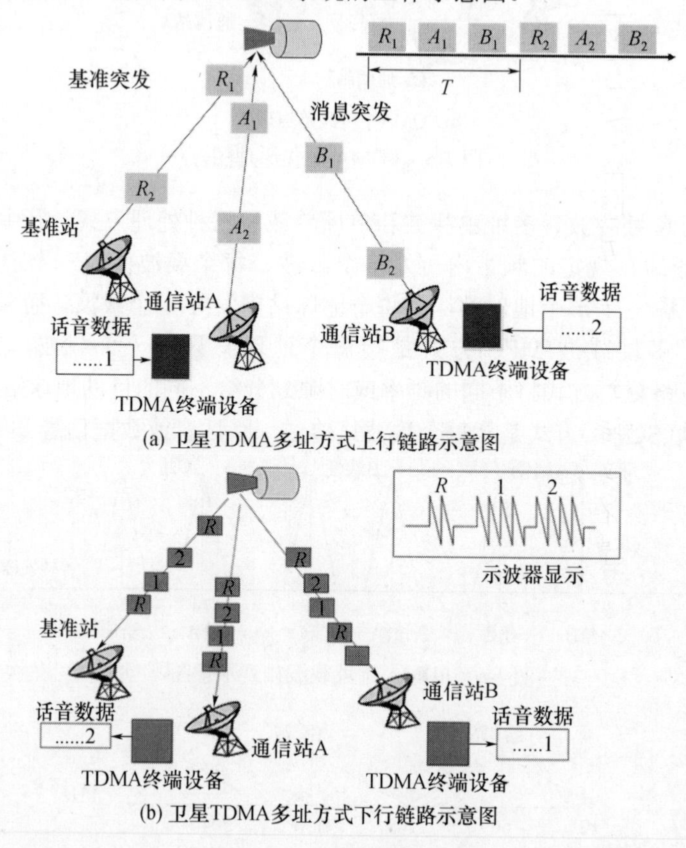

图 1-9 TDMA 系统

在 TDMA 系统中，所有地球站在卫星内占有的整个时间间隔称为帧周期（简称帧）。而把每个地球站占有的时隙称为分帧。卫星的一帧由一个基准站分帧和所有地球站分帧组成。除基准站分帧以外，其他每个地球站分帧均由前置码和信息数据两部分组成。前置码包括载波恢复和比特定时信息、独特码、监控脉冲、勤务脉冲等内容。载波恢复和比特定时恢复脉冲主要用来在接收端提供相干解调的载波和定时同步信息。独特码提供本分帧的起始时间标志和本站站名标志，并为完成分帧同步提供必要信息。监控脉冲用来对信道特性进行测量并标明信道分配的规律和指令。勤务脉冲用来作各站之间的通信联络。信息数据部分包含发往各地球站的数字话音或其他数据信号，不同时隙承载发往不同地球站的信息数据。基准站分帧只有一个前置码，其中除了没有勤务联络信号外，其他均与别站前置码的结构一样，它的独特码是一帧开始的时间基准。图 1-10 所示为一种典型的帧结构。

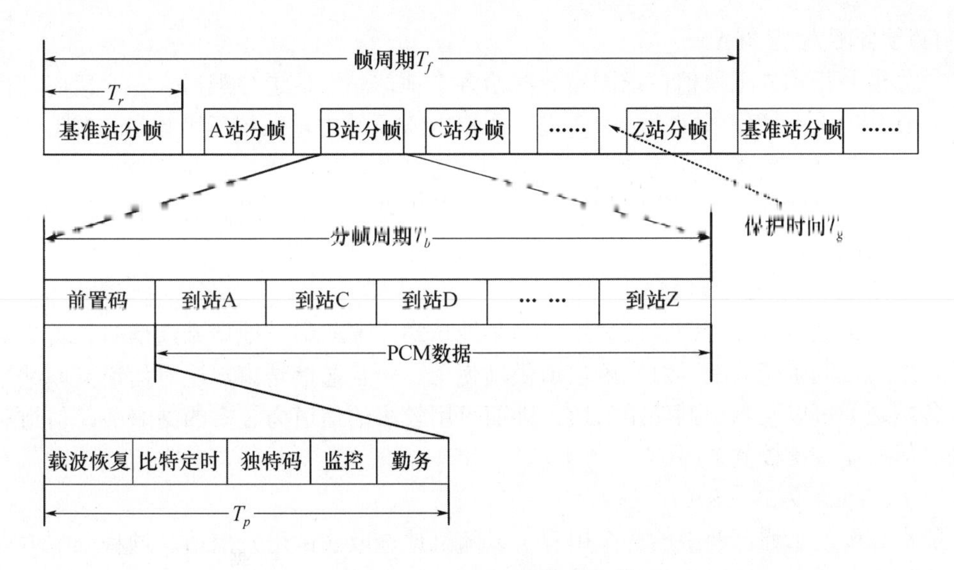

图 1-10　一种典型的帧结构[1]

3) 空中交换—时分多址（SpaceSwitch－TDMA，简称 SS-TDMA）方式

如果通信卫星采用多波束天线，各波束指向不同区域的地球站，这种依靠卫星波束指向的不同来区分地球站地址的方式称为空分多址（SDMA）。通常，SDMA 方式和其他多址方式结合使用。在 SS－TDMA 方式中，为了在不同波束覆盖的区域之间进行通信，通常在星上必须设置一个交换矩阵，该交换矩阵根据预先设计好的交换次序进行高速切换。

4) 码分多址（CDMA）方式

码分多址（CDMA）方式是利用自相关特性非常强而互相关性比较弱的伪随机序列作为地址信息（地址码），对被用户信息调制过的载波进行扩频调制，经卫星信道传输后，在接收端以本地产生的伪随机序列作为地址码进行解扩，当接收信号的地址码与本地地址码完全一致时，将该扩频信号还原为原来的窄带信号接收下来，其他与本地地址码不同的信号则仍保持或扩展为宽带信号被滤掉，从而实现多址联接。图 1-11 是典型的 CDMA/DS 直接序列扩频 CDMA 系统原理示意图。

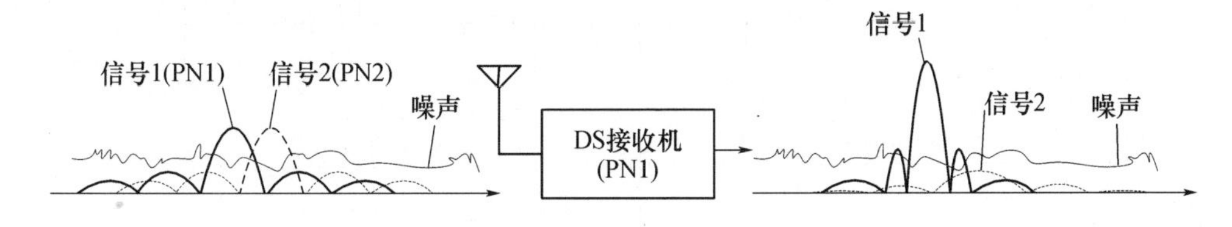

图 1-11　CDMA/DS 多址能力示意图

4. 卫星通信中的信道分配

所谓信道分配是指：对于 FDMA 系统，分配各地球站占用的转发器频段；对于 TDMA 系统，分配各站占用的时隙；对于 CDMA 系统，分配各站使用的码型。常用的分配方式有：

1) 预分配方式（PA）

预分配是指预先把通信信道固定分配给各个地球站。信道分配后，在一段时期内不改变，且其他站不能使用别的站的信道。在FDMA系统中，系统所用频带和载波事先分配给各个地球站。业务量大的地球站，分的信道多些，反之少些。在 TDMA 系统中，事先把转发器的时隙分成若干分帧，并分配给各地球站，业务量大的站的分帧长度长，反之分帧长度短。

2) 按需分配方式（DAMA）

这种方式是所有信道归各站共用，当某地球站需要与另一地球站通信时，首先提出申请，通过控制系统分配一对空闲信道供其使用。一旦通信结束，这对信道又归共用。由于各站之间可以互相调剂使用信道，因而可用较少的信道为较多的站服务，信道利用率高，但控制系统较复杂。

3) 随机分配方式（RA）

随机分配是指通信网中的各个用户可以随机地选取（占用）信道。这种分配方式常采用 ALOHA 技术，适用于随机、突发通信。

1.3 典型卫星通信系统概述

1.3.1 单路单载波话音数据传输系统

本节以 FDMA 体制中的预分配 PCM/PSK/SCPC 系统为例介绍单路单载波话音数据传输系统。按照 IESS-303 文件规定，一个 36MHz 带宽的转发器的频率配置如图 1-12 所示。图中，导频信号为 70MHz，每信道的分配带宽为 45kHz，可以容纳 800 条信道，靠近 70MHz 导频两侧的第 400 路和第 401 路信道空闲不用，信道间的保护间隔为 22.5kHz。

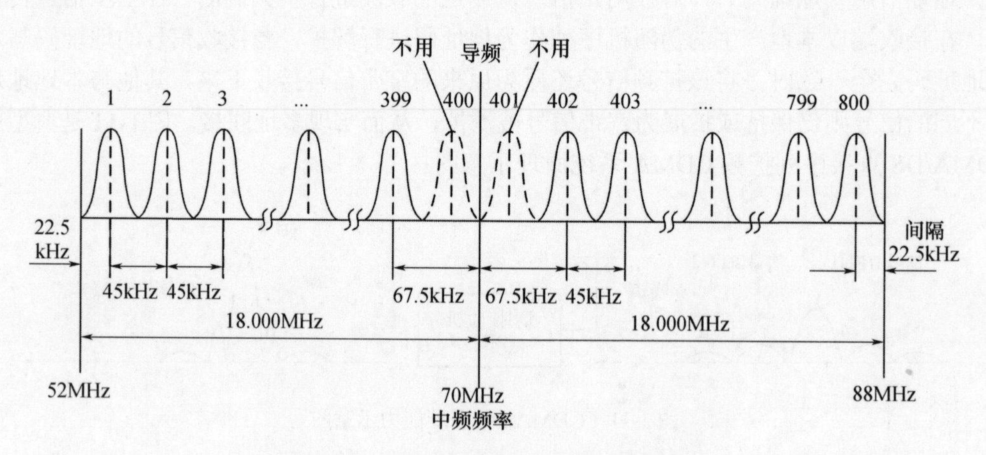

图 1-12 PCM/PSK/SCPC 系统的频率配置

SCPC 系统通信地球站主要由前端设备与地面终端设备两大部分组成，其中前端与其他数字卫星通信系统中前端设备基本相同，地面终端设备能独特地反映 SCPC 系统特点。SCPC 地面终端设备主要由中频公共设备和通道设备两部分组成，如图 1-13 所示[1]。

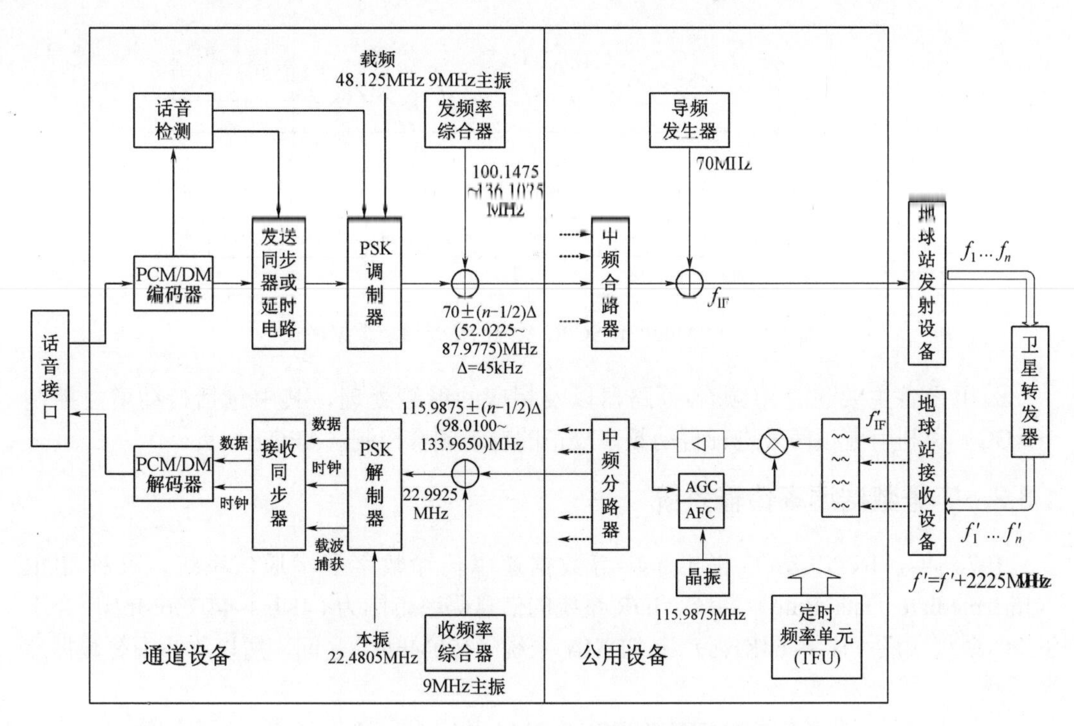

图 1-13　PCM/SCPC 系统组成框图[1]

通道设备的数目与每个地球站发射的载波数目一致。每个通道设备包含 PCM 编、译码器，通道同步器，话音检测器，频率综合器，PSK 调制和解调器等。其中，话音检测器的输出控制载波的通断以实现话音激活，频率综合器用以选择卫星信道频率。该系统中的 PCM/ SCPC 话音数据传输参数如表 1-1 所示。

表 1-1　话音传输时 PCM/SCPC 的主要参数

	PCM-SCPC	RF 通道带宽	45kHz
基带处理	7 bit　A 律 A=87.6、8kHz 抽样 PCM	IF 噪声带宽	38kHz
信道调制方式	QPSK	发射的 RF 频差	250kHz
载波控制	话音激活	接收的 IF 频差	相对于滤波器中心 (1kHz)
速率	64Kb/s	门限误比特率	10^{-4}

PCM/QPSK/SCPC 系统的话音通道数据格式如图 1-14 所示。

其中，报头由 40bit 的载波恢复和 80bit 的比特定时恢复码字组成，随后是 32bit 的 SOM 作为消息开始指示，用于码字(群)同步和解决 QPSK 相干解调时的相位模糊问题，PCM 话音信码是传输的话音信息载荷，长度为 224bit。每组 SOM 和话音信码时长为 4ms，话音信号被分为若干个 4ms 的分组。

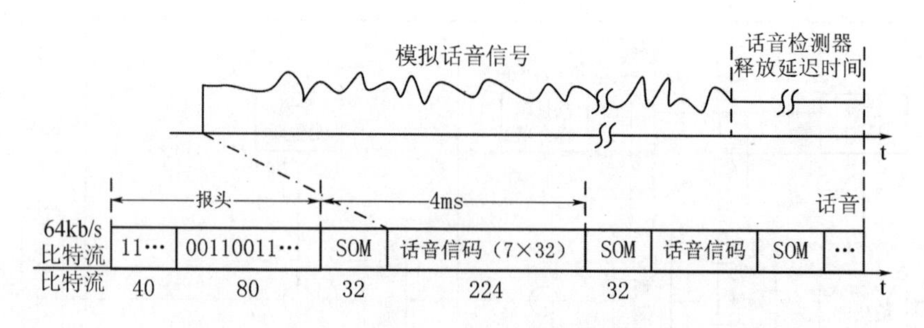

图 1-14　PCM/QPSK/SCPC 系统的话音通道数据格式[1]

公用设备主要包含中频合/分路器以及相应的射频处理，其中包括自动增益控制（AGC）和利用导频信号进行自动频率校正的自动频率控制（AFC）单元。

1.3.2　中等数据速率传输系统

1978 年，INTELSAT 提出了中等数据速率传输数字卫星通信系统，又称 IDR（Intermediate Data Rate）系统。IDR 系统的信息码率范围为 64Kb/s~44.736Mb/s，介于 SCPC 系统（最大速率 64Kb/s）和 TDMA 系统（120Mb/s）之间，所以称为中等数据速率系统。

IDR 系统是一种 ADPCM/TDM/QPSK/FDMA 数字卫星通信系统。其多址联接方式为 FDMA，载波定向方式为 FDMA 的 MCPC 方式，利用基带 TDM 复用方式完成载波定向。扰码采用由 20 级移位寄存器构成的自同步型扰码器。信道编码除 1024Kb/s 业务采用 1/2 卷积码以外，其他业务一般均采用 3/4 码率删除卷积码。中频调制采用 QPSK 调制。

通常，IDR 系统采用数字电路倍增设备（DCME）技术实现用户扩容，提高信道利用率。采用 DCME 技术的 IDR 扩容系统如图 1-15 所示。DCME 包含低速编码（LRE）和数字话音内插（DSI）。其中，LRE 采用 ADPCM 技术，可将每路的信息速率由 64Kb/s 压缩到 32Kb/s，DSI 增益可达 2.5 倍。

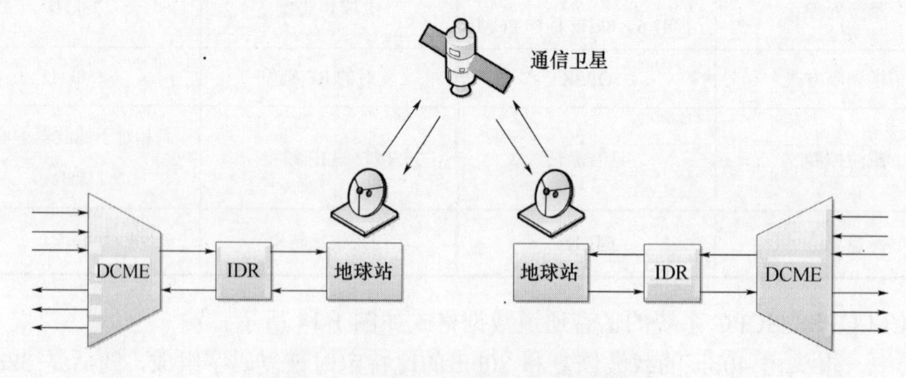

图 1-15　带 DCME 的 IDR 系统[2]

IDR 系统地球站设备信道单元的处理框图如图 1-16 所示。

图中发射单元 a 点的信息数据通常是 PCM 一次群、二次群信号经过基带传输编码后的双极性信号。

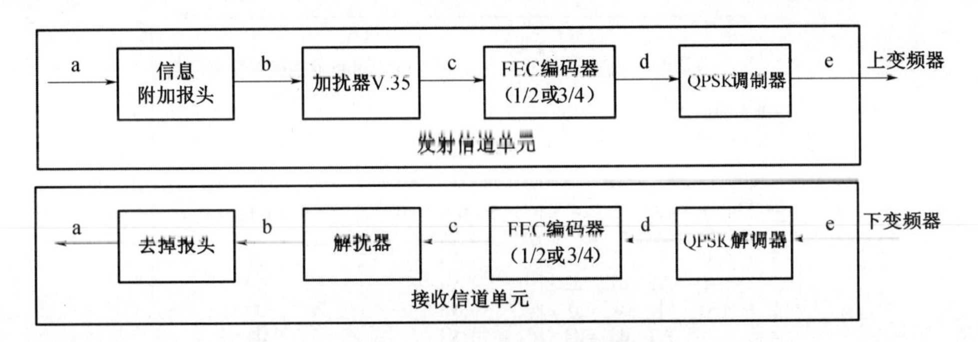

图 1-16　IDR 信道单元组成图

a—信息速率 IR；b,c—合成速率 CR=(IR+OH)；

d—传输速率 R=(IR+OH)×4/3；e—符号速率 SR=R/2。

INTELSAT 建议的各 IDR 载波的传输参数如表 1-2 所示。

表 1-2　INTELSAT 建议的 IDR 载波的相关参数

（FEC 为 3/4 卷积码，C/N 均为 9.7dB）

信息速率 (IR) (b/s)	报头速率（OH）(Kb/s)	数据速率 (IR+OH) (b/s)	传输速率 (b/s)	占用带宽 (Hz)	分配带宽 (kHz)	C/T (dBW/K)	C/N_0 (dBHz)
64K	0	64 K	85.33K	51.2k	67.5	−171.8	56.8
192 K	0	192 K	256.00K	153.6k	202.5	−167.1	61.5
384 K	0	384 K	512.00K	307.2k	382.5	−164.1	64.5
1.544M	96	1.640M	2.187M	1.31M	1552.5	−157.8	70.8
2.048M	96	2.144M	2.859M	1.72M	2002.5	−156.6	72.0
6.312M	96	6.408M	8.544M	5.13M	6007.5	−151.8	76.8
8.448M	96	8.544M	11.392M	6.84M	7987.5	−150.6	78.0
32.064M	96	32.160M	42.880M	25.73M	29125.0	−144.8	83.8
34.368M	96	34.464M	45.952M	27.57M	32250.0	−144.1	84.1
44.736M	96	44.832M	59.776M	35.87M	41875.0	−138.4	84.8

IDR 系统中，1.544~44.736Mb/s 的所有信息速率传输时都增设 96Kb/s 的报头比特，目的是为了传输工程勤务线路（ESC）和提供维修报警。1.544 Mb/s 和 2.048Mb/s IDR 载波的报头结构如图 1-17 所示。6.312 Mb/s 和 8.448Mb/s 的 IDR 载波的报头结构如图 1-18 所示。

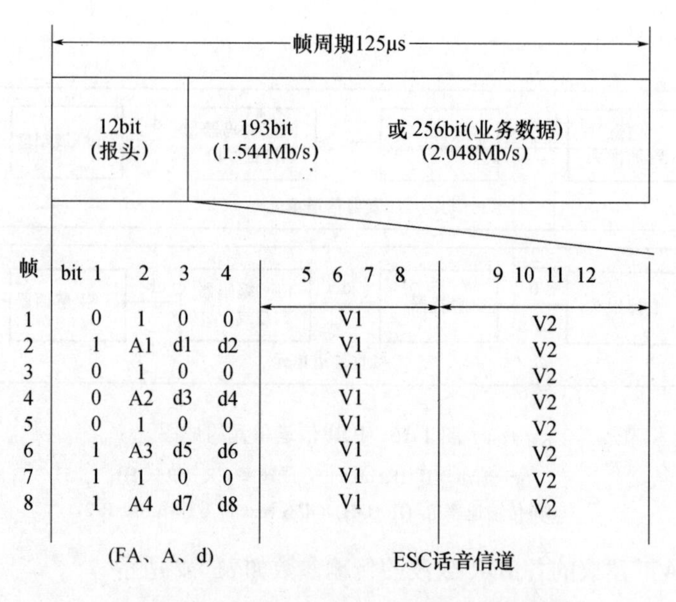

图 1-17　1.544 Mb/s 和 2.048Mb/s 的 IDR 报头结构[3]

V*i*=ESC 话音信道 *i* 比特（*i*=1，2），如果不使用则调到 1；A*i*=反向告警（*i*=1，2，3，4），无告警=0，告警=1；

d*i*=ESC 数字数据（*i*=1~8），如果不使用则调到 1；8 帧=1 个复帧（周期=1ms）；

报头速率（OH）=12bit/125μs=96Kb/s。

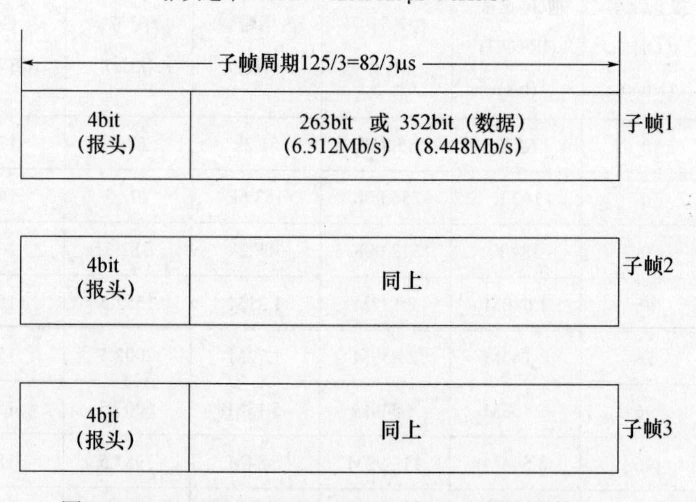

图 1-18　6.312 Mb/s 和 8.448Mb/s 的 IDR 报头结构

3 子帧=1 帧（帧周期=125μs）；报头比特的配置与 1.544 和 2.048Mb/s 相同；

8 帧=1 个复帧（周期=1ms）；报头速率（OH）=12 比特/125μs=96Kb/s。

1.3.3 卫星 DVB-S 系统

DVB-S 由欧洲电信标准委员会（ETSI）制定，是目前世界上使用最广泛的数字卫星电视广播标准。

按 DVB-S 进行的卫星数字广播电视传输系统发送端信号处理流程框图见图 1-19。

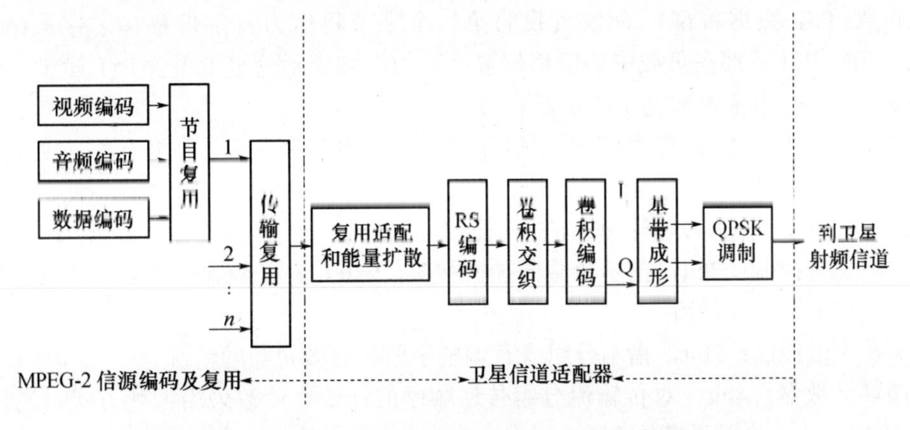

图 1-19　卫星数字广播电视传输系统发送端信号处理流程图

由图 1-19 可知，视频编码器、音频编码器和数据编码器输出的三路信号经节目复用器复用后，输出复用传送包，节目复用器输出数据的信息率是 6.11Mb/s。每一路节目由一到多个私有数据的基本流（ES）组成。多路节目经过传输流打包、复用后形成长度 188B/分组的 MPEG-2 传输流（TS）分组。然后，MPEG-2 传输流分组数据进行信道适配，分别完成复用适配、能量扩散、前向纠错编码以及 QPSK 调制等过程后，将信号传送至卫星信道，完成发送。

其中，MPEG-2 传输流分组结构图如图 1-20 所示。

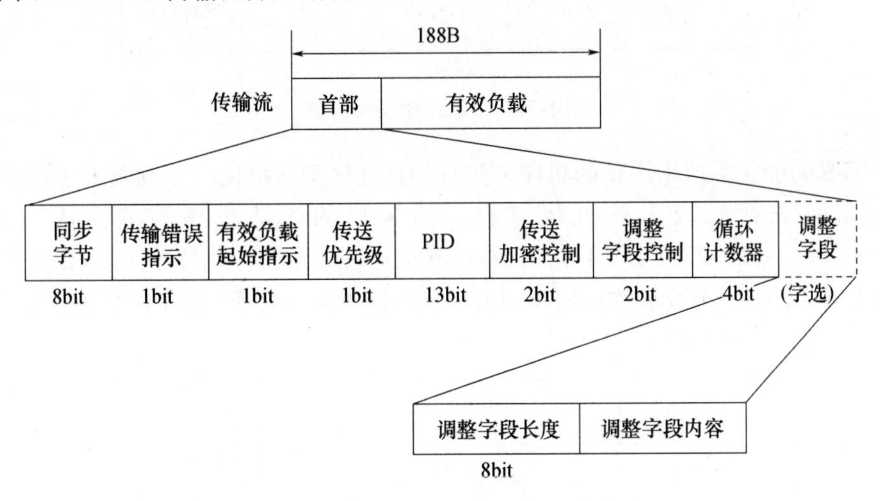

图 1-20　MPEG-2 传输流分组结构图[4]

传输流分组首部如果不含调整字段，则由四个字节构成。调整字段作为可选部分一般只出现在嵌入参考时钟(PCR Insertion)传输流等特殊分组中。首部中各字段定义具体如下：

同步字节：1B，固定值为 0x47，传输流分组同步标志。

传输错误指示：1bit，置“1”表示分组中存在无法纠正的误码。

有效负载起始指示：1bit，当分组负载为 PSI 数据时，该比特置“1”表示传输流分组中包含 PSI 数据首部，有效负载的第一个字节将作为首部偏移指示字段(pointer_field)，指示 PSI 首部在负载中的偏移位置；置“0”则表示分组中不含 PSI 首部，有效负载为紧接上一分组未传输完毕的数据。

传输优先级：1bit，置“1”表示该分组在相同 PID 的传输流分组中具有较高的优先级，应当优先处理。

PID：13bit，作为传输流分组的识别标志。

传输加密控制：2bit，指示负载的加密状况，0x00 表示负载不加密，其他三个值为用户定义的加密方式预留。

调整字段控制：2bit，指示分组含有调整字段与有效负载的情况。

循环计数器：4bit，对传输流分组传送顺序的计数。计数采用循环方式，当计数值达到 15 时，下一个计数值回到 0。

传输流分组的有效负载由 PES、PSI 或用户私有数据等构成，当数据长度超过一个分组所能承载的负载长度值时，会被拆分在多个分组中分段传送。负载紧接分组首部，不满 188B 的传输流分组通过填充字节补足。

传送复用包数据流首先进行复用适配，将每 8 个传送复用包组成 1 个超帧，并将每个超帧中的第一个包的同步字节反转，即由 47H 变为 B8H。超帧结构图如图 1-21 所示。

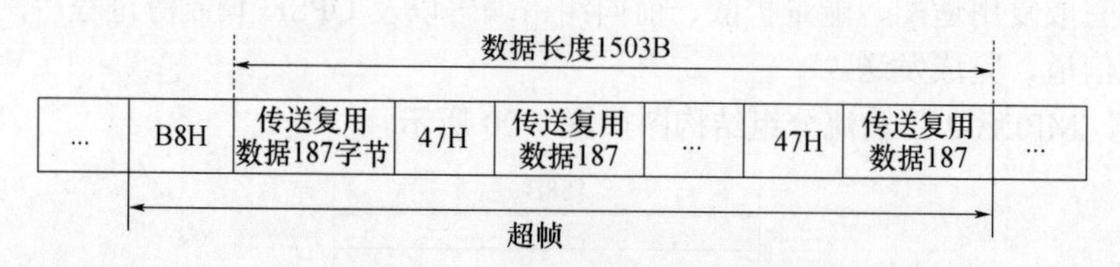

图 1-21　传输流超帧结构图[5]

DVB-S 的能量扩散采用伪随机序列进行加扰使序列随机化，接收端采用相同的伪随机序列进行去扰完成去随机化过程。所采用的伪随机序列的生成多项式为 $P(x)=1+x^{14}+x^{15}$，图 1-22 是 DVB-S 加扰和解扰的原理示意图。此外，在 DVB-S 系统中，超帧同步头（B8H）不被加扰，超帧中的每帧的同步头（47H）也不进行加扰操作。

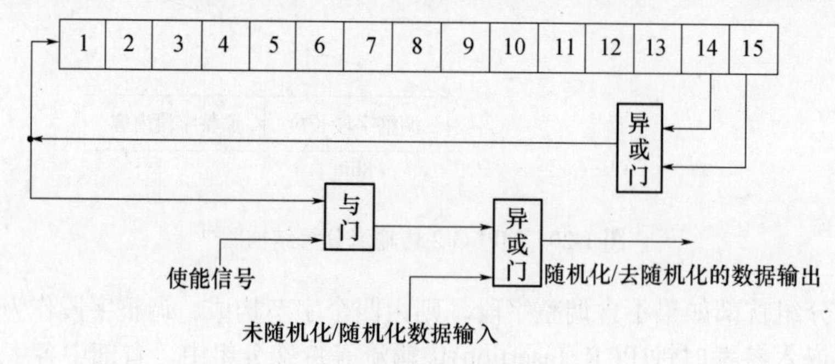

图 1-22　DVB-S 随机化/去随机化原理图[5]

DVB-S 信道编码采用级联编码，外码采用 RS 编码，RS 编码采用（204, 188, $T=8$）截短 RS 码，其原码为（255, 230, $T=8$）RS 码，每个码元含 8bit。该码编码器对加扰后的每个数据包（共 188B）进行编码，得到长为 204B 的码字；$T=8$ 表示该截短 RS 码的纠正随机错误能力为 8。然后进行卷积交织，卷积交织的交织深度 $I=12$。内码为卷积编码方式，卷积编码主要用来纠正随机错误，它允许在生成元为（171, 133）的（2,1,6）卷积码的基础上进行删除，可供选择的码率有1/2、2/3、3/4、5/6和7/8。1/2码率的卷积编码输出经删除处理后分成同相分量 I 和正交分量 Q 两路信号，经平方根升余弦滚降滤波后送到 QPSK 调制器进行调制。

在接收端接收下来的卫星信号经低噪声放大后下变频成 0.9~1.4GHz 的 L 频段信号，进入综合接收解码器(IRD)（图 1-23），经调谐器和 QPSK 解调器解调为数字信号(数字流)，此数字流经维特比译码、去交织及 R-S 译码，对传输中引入的误码进行纠错，然后对此数字流进行去复用，解出多套节目的数码送到 MPEG-2 视、音频解码器，经解压缩、数模变换等处理后输出模拟信号，输出的模拟视频信号可以是分量信号也可以是复合信号。

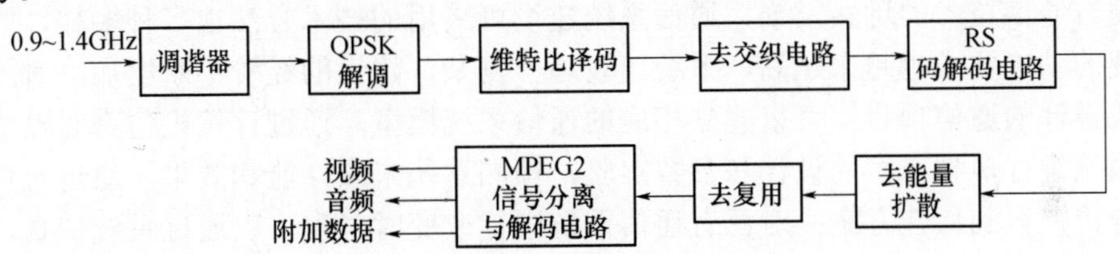

图 1-23　DVB-S 数字卫星广播接收流程图

第 2 章　系统仿真平台

2.1　系统仿真概念与流程

2.1.1　通信系统仿真的概念

随着通信技术的迅猛发展，通信系统建设可采用的技术方法也多种多样，同时通信系统的功能要求也越来越高，系统建设趋于复杂，建设的经费不断增加。对于正在规划或设计的通信项目，可以建立相应的通信系统模型，通过计算机仿真对设想中的通信系统进行多种方案的设计和参数实验，预测系统未来性能和效果，通过对仿真结果的分析，得到最佳方案；对已有通信系统进行改变时，也可以通过系统仿真，模拟改进后系统的运行情况，以寻求满意的改进方案。因此，通信系统仿真的方法可以得到最佳系统参数，为实际工程的设计建造提供参考和依据，从而节省不必要的时间和资金投入。

随着计算机技术和网络技术的迅速发展，我们的生活已经进入到信息时代，人们的生活、学习、工作方式都在发生巨大的变化。计算机仿真技术的发展使人们对认识发现问题的方式发生了改变。通信系统仿真为理论教学和实际工程问题的解决提供了一种手段。在通信教学的课程中，通信系统仿真能够让老师把复杂的通信原理及过程展示给学生，也可以让学生通过通信系统的仿真，对通信的过程有一个更加深入的理解和研究；在实际工程中，通信系统仿真能够对实际工程中的问题进行抽象分析，得出理论参考值，节省投入成本。

实际的通信系统是一个功能结构较为复杂的系统，对这个系统做出的任何改变（如改变某个参数的设置、改变系统的架构等）都可能影响到整个系统的性能和稳定性。因此，在对原有的通信系统做出改进或建立一个新系统之前，通过需求对这个系统进行建模和仿真。通过仿真结果衡量方案的可行性，从中选择最合理的系统配置和参数设置，然后再将结果应用到实际系统中。

2.1.2　通信系统仿真的流程

图 2-1 为通信系统仿真流程，下面我们对每个过程进行详细的说明。

1. 问题需求分析

在做通信系统仿真之前，首先进行的是需求分析，它包括对问题的抽象分析建模、采用主要通信体制、系统规模、预期效果和可能出现的问题等方面进行需求调研和分析。

2. 流程分析

流程分析在系统建模中是十分重要的环节之一，它是实际问题和系统仿真间的纽带，流程分析结果得到具体的流程框图，流程框图指导仿真系统的建立。它决定了仿真的每个流程。

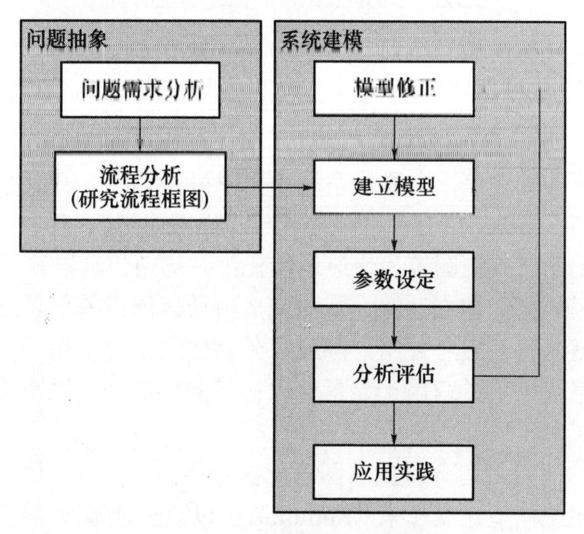

图 2-1　通信系统仿真流程

3. 建立模型

根据流程分析得到的流程框图，利用相关工具搭建系统模型进行仿真。

4. 参数设定

根据实际需求设定仿真和测试参数，这一工作需要对实际的通信系统有全面了解，以保证置入仿真数据有充分的可信度。测试参数设置在仿真模型建好后，对所关心的仿真结果数据进行分析。仿真时结合系统模型针对取样数据做仿真运行，按预期目标输出仿真结果。

5. 分析评估

评估仿真结果是仿真最重要同时也是最有意义的一个环节，由仿真工作所得到的结果只是抽象数据，需要对这些数据进行后期的分析比较，以提取对系统性能的评估数据，这样才真正完成仿真工作。为得到可信结论，通常对同一系统模型进行多次仿真，每次置入不同系统参数，对多次结果进行比较。

6. 模型修正

根据分析评估的结果对仿真模型进行修正，经过修正后的模型需将其结果输出，再次经过分析评估，分析结果是否达到预期目标。若没能达到设计目标则需要再次修正。

7. 应用实践

从仿真结果的角度，对系统仿真进行分类可以分为验证型仿真和数值运算型仿真。验证型仿真主要是对算法和处理流程的验证分析，这样的仿真结果可以直接应用于实际问题的解决；而对于数值运算型仿真的结果，它是实际问题的理论参考，与实际工程指标存在一定的误差。通过仿真数值与实际指标的误差对比可以衡量该仿真系统性能的优劣。

2.2 Simulink 工具应用

2.2.1 Simulink 简介

Simulink 是 Matlab 中的一种可视化仿真工具，是一个对动态系统进行建模、仿真和仿真结果可视化分析的软件包，在通信系统仿真中得到了广泛的应用。Simulink 采用基于时间流的链路级仿真方法，将仿真系统建模与工程中通用的方框图设计方法统一起来，使实际问题中抽象出的流程框图较为快速地转化为具体的仿真语言。Simulink 采用模块化建模方式，多种模块之间建立连接，从而完成对通信流程的仿真处理。软件本身提供了大量专业的模块资源供开发者使用，除此之外软件还提供了供开发者进行自定义模块的接口，同时，自身提供了专门用于显示输出信号的模块，可以在仿真过程中随时观察仿真结果。

使用 Simulink，开发者可体验到其图形化操作界面的简单，通过鼠标操作就可将一个相当复杂的动态系统模型建立起来。Simulink 可以避免或减少编写 Matlab 仿真程序的工作量，从而简化仿真建模的过程，其特点更加适合于大型系统的建模和仿真。Simulink 中的帮助文档提供了十分详细的模块说明和开发流程，并给出部分系统仿真的实例以便开发者研究学习。

Simulink 仿真环境附带了许多专业仿真模块库，开发者利用这些模块可以快速建立相应的系统模型进行仿真。模块化的处理使得开发者不必花费大量的时间去了解模块内部的结构，大大方便了复杂系统的建模。Simulink 提供的这些专业模块均通过了各专业的权威专家评测，具有较高的可信度和稳定性，从而保证了仿真系统的精度和可靠性。

2.2.2 Simulink 编程语言——S 函数

为了将系统数学方程与系统可视化模型联系起来，在 Simulink 中规定了固定格式的接口函数形式，称为 S 函数。S 函数是用不同的编程语言，包括 Matlab、C、C++和 FORTRAN 等写成的 Simulink 模块的一种语言描述。S 函数还可以进行编译，以提高执行速度。Simulink 自带的标准模块库就是用 S 函数编写并进行编译后形成的。使用 S 函数可以极大地扩充平台的仿真能力。

1. S 函数的工作原理

开发者在编写 S 函数之前，了解 S 函数的工作原理是有必要的。这对于了解 Simulink 的整个仿真原理也十分有益。

Simulink 模型的执行是按阶段进行的，Simulink 仿真包括两个阶段：初始化和模型执行。在初始化阶段，Simulink 引擎把模型采用的各个模块纳入系统模型：确定没有显示设定的信号属性（例如名称、数据类型、信号宽度和采样时间）；模块估值；确定模块的执行顺序；分配和初始化用于存储每个模块的状态和输出的当前值的存储空间。

接下来，Simulink 模型的运行进入仿真循环阶段。在每一次循环中，Simulink 引擎根据初始化阶段确定的顺序执行模型中的每个模块。Simulink 模块在仿真的过程中可以抽象为输入变量、状态变量和输出变量，其中输出变量又是抽样时间、输入变量和状态变量的函数。如图 2-2 所示。

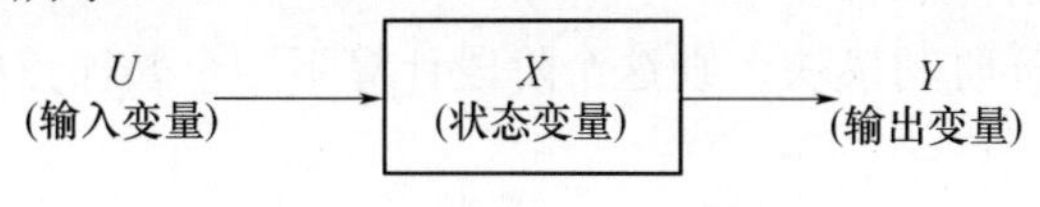

图 2-2　Simulink 模块描述

三个变量之间的关系可用以下状态方程表示，即：

$$
\begin{cases}
y = f(t,x,u) \\
\dot{x}_c = d(t,x,u) \\
x_d^{k+1} = y(t,x_c,x_d^k,u) \\
x = [x_c,x_d]
\end{cases}
\tag{2-1}
$$

上述方程式分别代表模块输出、系统连续部分状态转移函数、系统离散部分状态转移函数、状态变量集。因此，每个模块的执行过程都是一个按方程（2-1）计算模块输出，求解连续和离散状态变量的过程。

由此可以看出 Simulink 引擎要在不同的仿真阶段或仿真循环的过程中完成一系列的相关步骤，具体流程如图 2-3 所示。

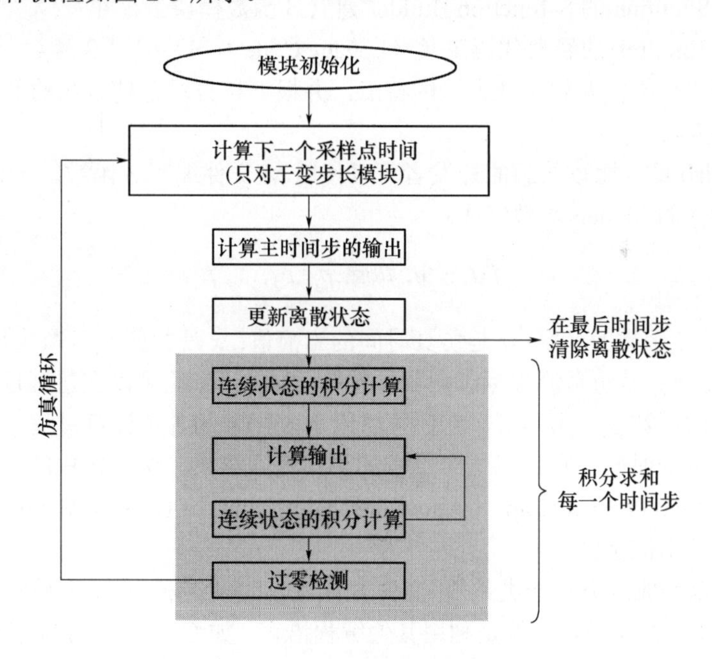

图 2-3　Simulink 引擎仿真流程

每个 S 函数也具有完成这些任务的功能。S 函数依靠回调函数来完成每个仿真阶段的任务。每个模型的仿真期间，在每个仿真阶段，Simulink 调用模块中每个 S 函数模块相对应的函数。S 函数调用的函数主要完成以下几方面的功能：

(1) 初始化。

该阶段完成以下几项工作：初始化结构体 Simstruct，这个仿真结构体包含了 S 函数所有信息；设置输入/输出端口的大小和维数；设置模块的抽样时间；分配存储空间。

(2) 计算下一个采样点时间。

如果模块为变采样时间模块，则这个阶段计算下一个采样点的时间，也就是说计算下一步仿真步长。

(3) 计算主时间步的输出。

在这个函数调用结束后，此模块的所有输出端口在当前时间步都是有效的。

(4) 离散状态的状态更新。

调用该函数时，所有的模块都应该执行单步单次工作。在主循环里为下一个时间步更新离散状态。

(5) 连续状态的积分计算。

这一步只有连续状态或带有非采样过零点时才会有效。Simulink 以较小时间步长调用输出和微分函数。

2. S 函数的实现与使用

S 函数的实现方法主要有以下几种：

(1) 自定义编写 C-MEX S 函数。

(2) 借助 Simulink 提供的模板编写 S 函数。

(3) 利用 Simulink 的 S-function Builder 建立 S 函数模块。

(4) 使用 Simulink 的经典代码工具（Legacy Code Tool）编写 S 函数。

开发者可以根据需要和实现方法的特点，并根据自身对各种方法的熟悉程度决定采用何种方法去实现。

对于 Matlab 编程比较熟悉的开发者可以使用 M 文件编写 S 函数，一个 M 文件的 S 函数由以下形式的 Matlab 函数组成：

$$f(t, x, u, flag, p_1, p_2, \dots, p_n) \tag{2-2}$$

其中，f 是 S 函数的名字；t 是仿真时间的当前值；x 是相应 S 函数模块的状态向量；u 是模块输入；*flag* 是仿真流程标志向量。另外，Simulink 还可以在仿真过程中向 S 函数传递一些额外的参数 p_1、p_2、…，它们可以用于 S 函数的各个计算过程中。每次 S 函数执行完一项任务的时候，它将以一个结构的形式返回结果，这个结构的具体形式可以在 Matlab 软件中参照 Product Help 下 About the Maintenance of Level-1 M-File S-Functions 这一章节中详细的语法示例。

S 函数可以分成两类，一类是 M 文件 S 函数，也就是利用 M 文件实现 S 函数；第二类是 MEX 文件 S 函数，也就是利用其他编程语言，如 C、C++、Ada 或 Fortran，MEX 是 Matlab Executable 的简称。

3. M 文件 S 函数

在目录“Matlab 根目录/toolbox/simulink/blocks”下提供了 M 文件 S 函数的模板，供开发者进行调用。Matlab 文件 S 函数借助于 S-function API（S 函数应用编程接口）进行编写，Level-1 Matlab-File S-function 和 Level-2 Matlab-File S-function 提供的 API 接口开放程度不同，Level-1 Matlab-File S-function 只利用了较少的 S-function API 接口，而 Level-2 Matlab File S-function 在更大的范围内采用了 S-function API，并且支持 Simulink 的代码生成。所以建议开发者应更多地使用 Level-2 Matlab 文件进行 S 函数的编写。

对于 M 文件 S 函数，Simulink 通过 *flag* 参数传递给 S 函数，告诉 S 函数当前所处的仿真阶段，以便调用相应的子函数。为此开发者只需用 Matlab 语言为每个 *flag* 对应的 S 函数程序来编写即可。表 2-1 列出了仿真阶段各自对应的 S 函数程序和 M 文件 S 函数中与它们相对应的 *flag* 值。

表 2-1　各个仿真阶段对应的程序

仿真阶段	S 函数程序	*flag*（M 文件 S 函数）
初始化	mdlInitializeSizes	0
更新连续状态	mdlDerivatives	1
更新离散状态	mdlUpdate	2
输入值的计算	mdlOutputs	3
下一个采样点的计算（附加）	mdlGetTimeOfNextVarHit	4
仿真任务的结束	mdlTerminate	9

当 S 函数进行初始化处理时，返回值[SYS，X0，STR，TS]。其中，在 SYS 中返回系统的仿真结构体大小信息 sizes，在 X0 中返回初始状态，在 STR 中返回状态，在 TS 中返回采样时间。具体返回值说明参看 Matlab 根目录\R2009a\toolbox\simulink\blocks\sfuntmpl.m 的 Level-1 M-file S-function Template 文件。

对于 Level-1 M-file S-function Template 文件，用户参考的资料较多，这里就不再详细地讨论。下面重点对 Level-2 M-file S-function 的编写进行讨论。参看 Matlab 根目录\R2009a\toolbox\simulink\blocks\msfuntmpl.m，Level-2 M-file S-function Template 文件与 Level-1 M-file S-function Template 文件不同的是文件的结构，Level-2 M-file 引入了 block 的结构，与 S 函数系统参数都封装在了 block 结构中，下面通过一个例子来简单地介绍一下 Level-2 M-file。

通过 Level-2 M-file S 函数实现一个增益模块，相关代码如下所示：

```
    function Gain_m(block)
  %该主函数只包含如下一条指令，不得更改，不得添加
setup(block);
---------------------------------------------------------------------------
------------------------------------------------------------
function setup(block)
%设置对话框参数数目
block.NumDialogPrms  = 1;
% 设置输入输出端口数目
block.NumInputPorts  = 1;
block.NumOutputPorts  = 1;
% 调用"运行对象"的 SetPreCompInpPortInfoToDynamic 方法使模块的输入输出口继承信
```

号的数据类型、维数、是否复数、采样模式

```
block.SetPreCompInpPortInfoToDynamic;
% 若模块对输入口某些属性有特别要求，则进行必要的重定义；否则，以下省略；
block.InputPort(1).DatatypeID  = 0;  % double
block.InputPort(1).Complexity  = 'Real';
block.InputPort(1).Dimensions = 1;
block.InputPort(1).DirectFeedthrough = true;
--------------------------------------------------------------------------
% 指定采样时间，具体格式参看 Level2 模板
block.SampleTimes = [-1 0];
block.SetAccelRunOnTLC(false);
--------------------------------------------------------------------------
% 指定仿真状态的保存方式和创建方法，具体格式参看 Level2 模板
block.SimStateCompliance = 'DefaultSimState';  %通常使用该指令及赋值
--------------------------------------------------------------------------
% 块方法的回调名（即单引号内的字符），它们是不可改变的
% 函数句柄（即@及其后的字符）可以由用户自己命名，但必须与子函数名一致
block.RegBlockMethod('SetInputPortDataType', @SetInpPortDataType);
   %设置输入端口类型
block.RegBlockMethod('SetInputPortComplexSignal', @SetInpPortComplexSig);
   %设置输入端口的信号属性
block.RegBlockMethod('PostPropagationSetup', @DoPostPropSetup);
   %设置 Dwork 向量的数目及其属性；仅含连续状态的 S 函数，不需要此回调
block.RegBlockMethod('Outputs', @Outputs);
   %任何 S 函数都需要该回调，该回调计算 S 函数的输出，并存放于输出信号数组
block.RegBlockMethod('Update', @Update);
   %若 S 函数有离散状态，或无直通通路，则需要该回调
--------------------------------------------------------------------------
%后向传递设置：S 函数含离散状态，或无直通通路时写该子函数
function DoPostPropSetup(block)
block.NumDworks = 1;
block.Dwork(1).Name          = 'x1';
block.Dwork(1).Dimensions      = 1;
block.Dwork(1).DatatypeID      = 0;       % 代表 double 型
block.Dwork(1).Complexity      = 'Real';   % 实数
block.Dwork(1).UsedAsDiscState = true;
% 输出子函数
function Outputs(block)
block.OutputPort(1).Data=block.Dwork(1).Data*block.DialogPrm(1).Data;
```

```
%endfunction
% 更新子函数
function Update(block)
block.Dwork(1).Data = block.InputPort(1).Data;
%endfunction
```

图 2-4 将利用 Level-2 M-file S function 编写的 Gain 模块与模块库中的 Gain 模块进行对比，图 2-5 是信号通过上述两模块的时域波形，可以看出输出结果一致。

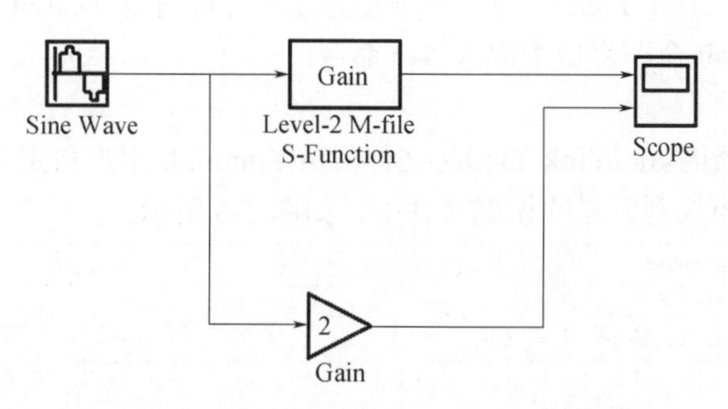

图 2-4　Level-2 M-file S-Function 自定义模块

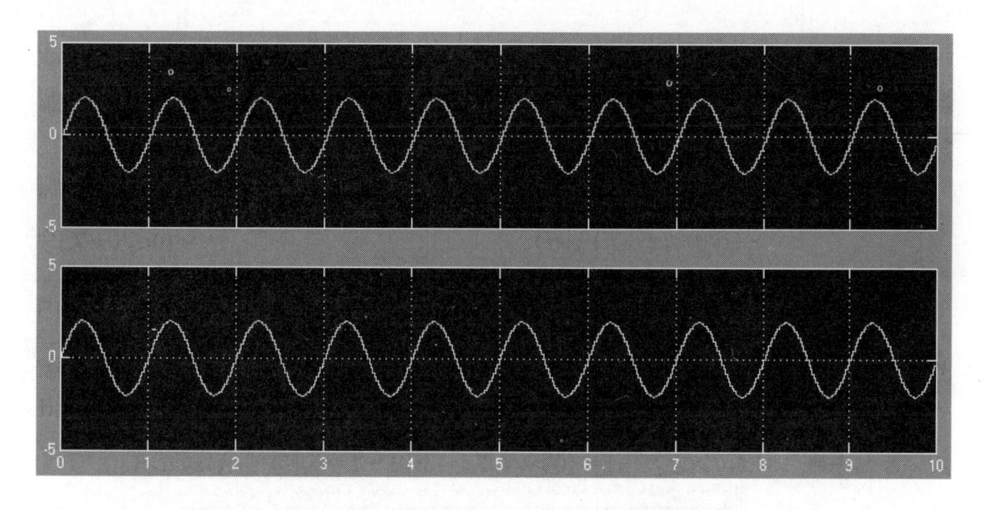

图 2-5　Level-2 M-file S function 模块与 Gain 模块输出结果

4. C MEX 文件 S 函数

对于 C、C++、Ada 和 Fortran 语言较熟悉的开发者可以使用 MEX 文件编写 S 函数。在执行仿真时，MEX 文件能够被 Simulink 直接调用，而且 MEX 文件 S 函数还可以直接访问内部的数据结构，也就是 SimStruct，SimStruct 存储有关这个 S 函数的信息。MEX 文件的 S 函数还可以用 MEX 文件 API 访问 Matlab 的工作空间。C 语言 MEX 文件 S 函数模板存放于“Matlab 根目录/matlabroot/toolbox/simulink/src”路径下，名字为 sfuntmpl_basic.c。通过目录下的 sfuntmpl_doc.c 可以详细了解模板结构。

MEX 文件 S 函数与 M 文件 S 函数各有优缺点。M 文件开发较为简单，开发速度较快，它不需要编译链接执行循环的时间，易于与 Matlab 和 toolbox 的交互，但是它会影响仿真的运行速度，而且包含 M 文件 S 函数的模型无法生成实时代码，无法利用 RTW 提供的许多强大功能。MEX 文件 S 函数的优势在于灵活多变，回调函数多样，可以访问 SimStruct，这使得它可以实现比 M 文件 S 函数更灵活的功能。

C MEX S 函数直接编写较为复杂，Simulink 提供了一个简单的方法可以较为简单地生成 C MEX S 函数。还以增益模块为例，下面简单介绍一下 S-function Builder 的使用方法。

(1) 如果还没有配置 mex 命令，则要在系统中先配置好 Matlab mex 命令，要配置 mex 命令，在 Matlab 命令窗口中键入以下命令：

```
>>mex -setup
```

(2) 创建一个新的 Simulink model 文件。从 Simulink 用户自定义函数库中复制一个 S-function Builder 模块到新建的模型文件中，如图 2-6 所示。

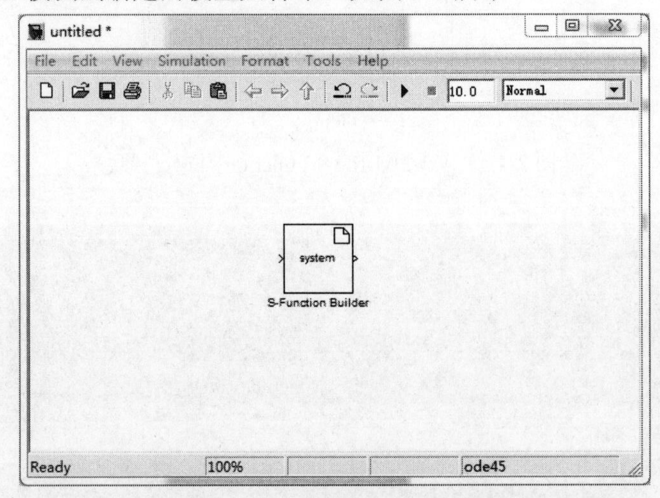

图 2-6　复制 S-function Builder 模块到新建的模型文件中

(3) 双击这个模块打开 S-function Builder 对话框，如图 2-7 所示。

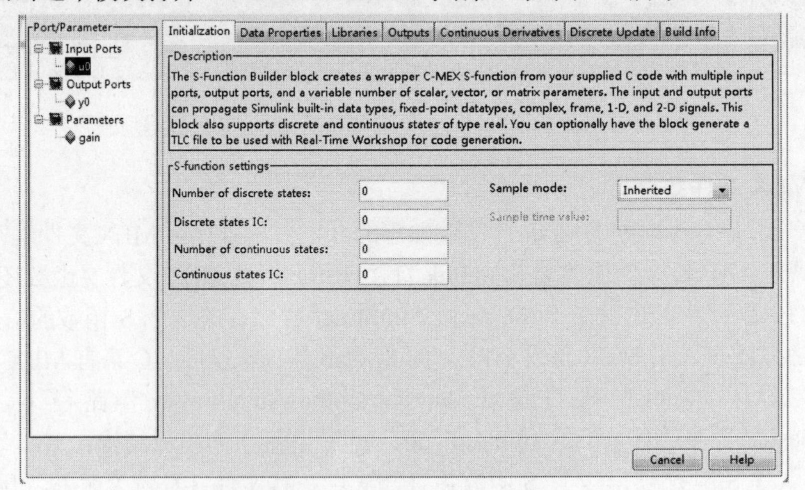

图 2-7　S-function Builder 对话框

(4) 在 S-function name 域写入创建的 S 函数的名字。

(5) 在初始化界面中，用户可以输入 S-function 的基本特征信息，例如输入/输出端口的宽度和抽样模式。

(6) 在数据特征界面中，用户可以为自定义的 S 函数增加参数和接口，如图 2-8 所示。

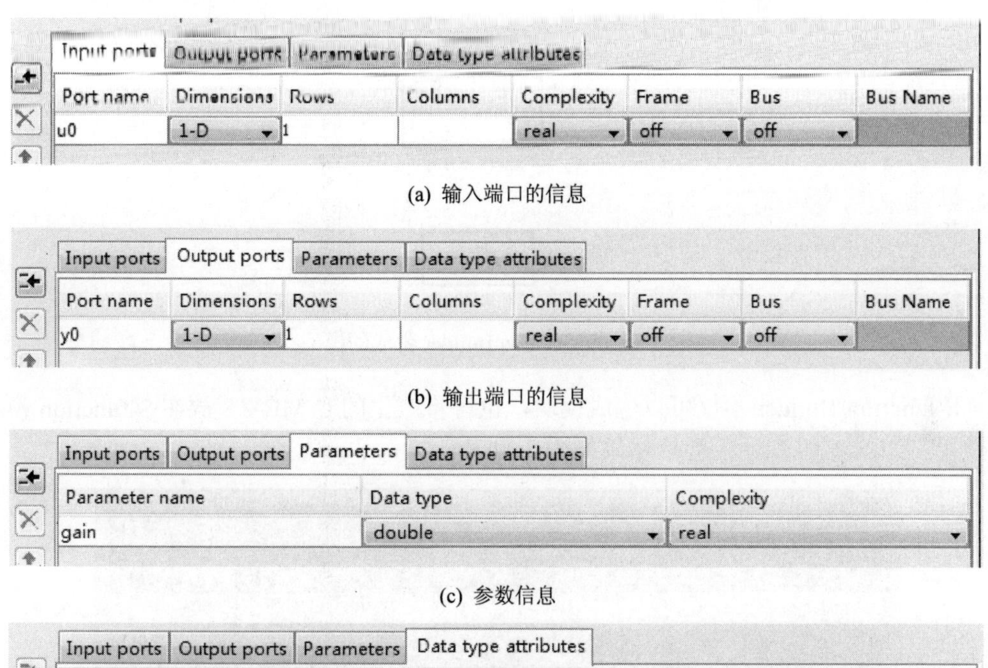

(a) 输入端口的信息

(b) 输出端口的信息

(c) 参数信息

(d) 数据类型属性相关信息

图 2-8 数据特征相关信息

在这个界面又分为 3 大部分：输入端口、输出端口和参数。用户根据自己需要设定相关参数属性。

(7) 输出函数界面，用户可以在这个界面输入 S-function 中 outputs 函数的代码，如图 2-9 所示。

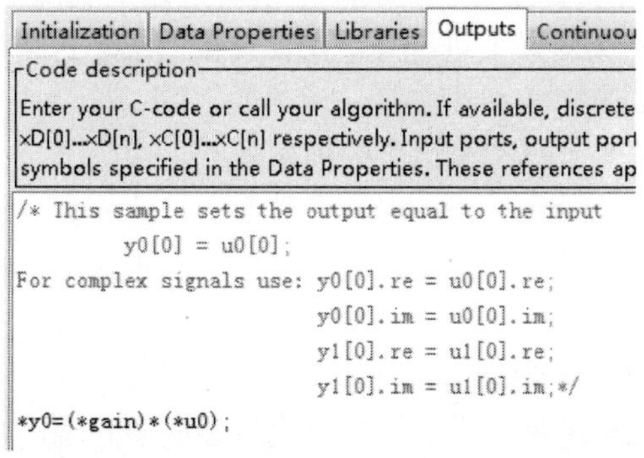

图 2-9 S-function Builder 对话框输出界面

(8) 单击 Builder 按钮开始创建过程，完成之后便可以开始仿真。生成的模型如图 2-10 所示。

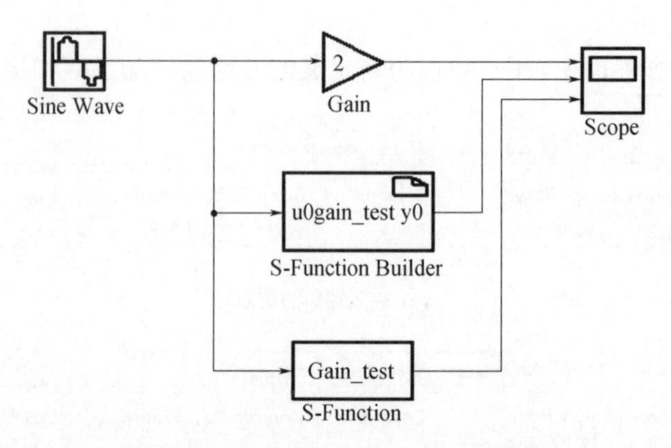

图 2-10 S-function Builder 生成的模型

S-function Builder 不仅可以生成模块，也可将产生的 C MEX S 放在 S-function 模块中使用，如图 2-10 所示，验证结果如图 2-11 所示。

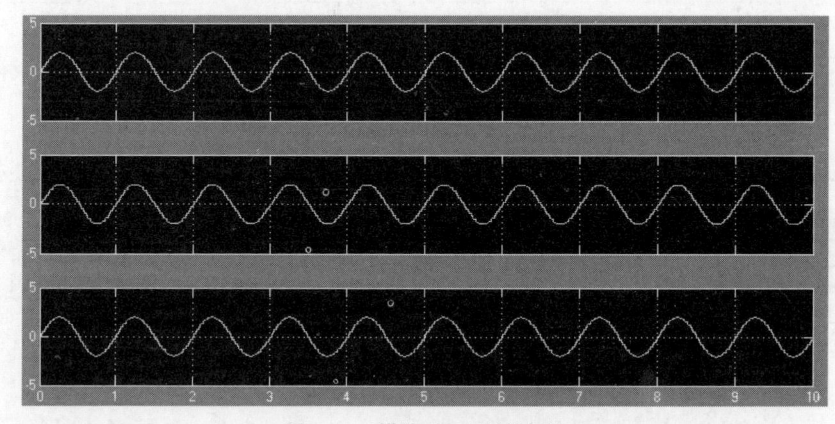

图 2-11 模块验证时域波形

2.2.3 Simulink 子系统的创建

对于简单的系统，可以直接利用模块库中模块搭建系统模型进行仿真分析。当模型变得庞大和复杂时，就需要对模型进行分类层次化的封装，封装的过程称为建立子系统。建立子系统的好处如下：

(1) 子系统建立后减少了模型窗口中的模块数。

(2) 把具有逻辑关联的模块结合，提高了模型的可读性。

(3) 建立子系统使整个模型具有清晰的层次感，利于对整个模型的管理。

1. 建立简单子系统

简单子系统的建立较为容易，方法主要有两种：

(1) 把系统模型中具有逻辑关联的几个模块封装成子系统。

要将几个模块直接封装成子系统操作较为简单，只需将其模块选中，如图 2-12(a)所示，然后在其选中的模块上单击右键，出现菜单栏，在菜单栏中选中 Create System 即可封装为子系统，封装后的子系统如图 2-12(b)所示。

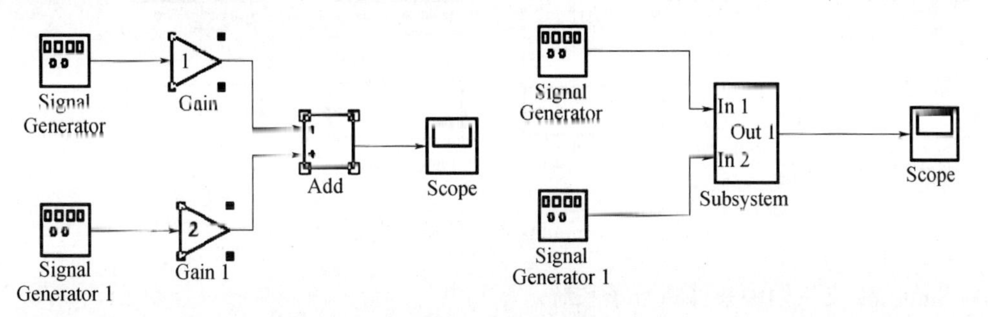

图 2-12　建立子系统

(2) 利用空白子系统模块完成子系统的建立。

图 2-13 为 Simulink 模块库提供的空白子系统模块库，用户可以通过该模块库中的模块进行子系统的建立。

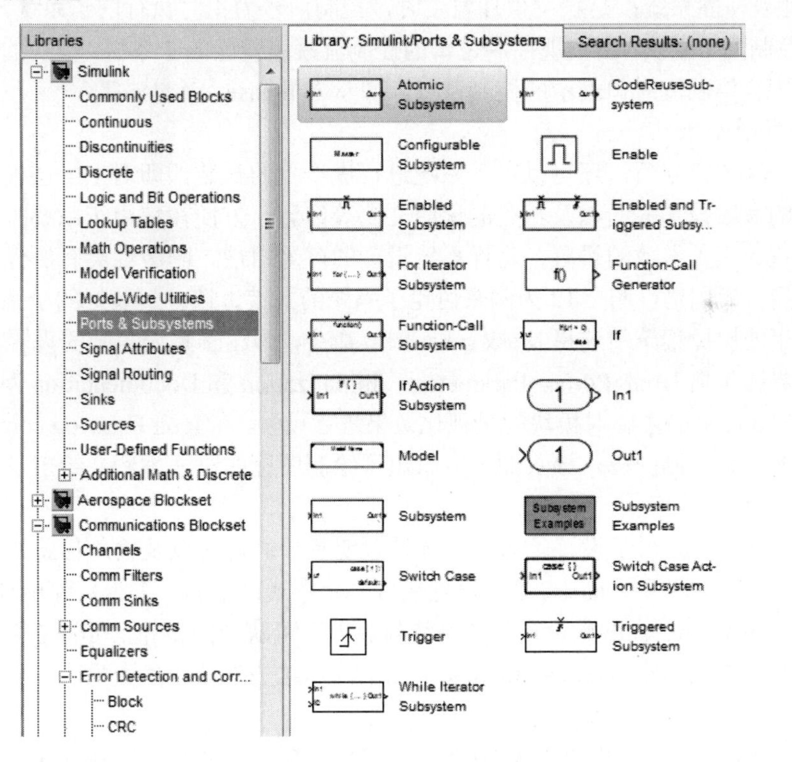

图 2-13　Subsystems 模块库

2. 建立条件执行子系统

条件子系统是一种复杂的子系统，它们是否执行取决于子系统的控制信号。控制信号加在条件执行子系统的控制输入端口上。条件执行子系统对建立复杂的系统模型很有帮助，提高了整个模型的复杂程度。图 2-14 为 Simulink 系统提供的条件执行子系统。

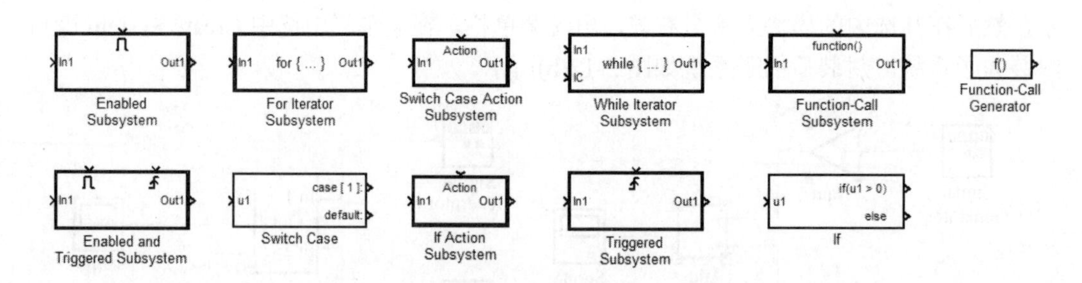

图 2-14　Simulink 库中的条件执行子系统

Simulink 支持四种条件执行子系统：

(1) 使能子系统：是控制信号大于零时执行的子系统。在控制信号由负变正时刻子系统开始执行，只要控制信号始终保持正值，子系统就一直执行。

(2) 触发子系统：是触发事件发生时执行的子系统。触发信号可以根据开发者需要选择上升沿或下降沿。控制信号可以是连续信号，也可以是离散信号。

(3) 触发使能系统：是触发事件发生时，控制信号为正时执行的子系统。

(4) 控制流子系统：由实现控制逻辑的控制流模块使能的子系统。模块的控制逻辑类似由程序语言控制流语句表示的控制逻辑，如 switch-case，if-else 等。

3. 封装子系统

在对子系统建立后，还可以对子系统进行进一步的封装，即对上一层模型的建模者提供标准的参数设置界面以及相关的说明文档等信息，方便在应用子系统时不必进入子系统内部进行相关参数的设置，这样系统设计的可重用性、隐蔽性会有所提升，便于用户调试使用。我们仍以图 2-12 为例来讨论子系统的封装，选中封装好的子系统模块，单击右键弹出的快捷菜单中选择 Mask subsystem 命令，弹出子系统封装的设置界面（Mask Editor），界面包括 Icon&Ports、Parameters、Initialization 和 Documentation 四个页面。

Icon&Ports 页面主要对模块的可视化效果进行设置，在 Icon Drawing commands 窗口可以使用命令来绘制图标，该页面下方给出了绘制图标的语法举例并给出了命令执行的预览效果。

Parameters 页面用于设置子系统中各种系统参数的说明以及输入形式。设置的这些参数将出现在系统设置界面中。参数设置包含三种形式：编辑框（Edit）、弹出列表（Popup）或复选框（Checkbox）。参数设置是子系统封装中不可缺少的工作，可将子系统中要修改的参数用变量代表，然后在 Parameters 页面下添加这些参数和参数说明，并选择其输入形式。

在 Initialization 页面可以用 Matlab 命令来对封装的子系统进行初始化。当 Simulink 加载模型、启动仿真、更新方框图、旋转或重画封装的时候，这些初始化命令将被执行。详细请参阅 Matlab 帮助文档。

Documentation 页面中用户可用来编写模块名称、模块以及模块使用的详细帮助文档。模块名称和简介将出现在封装子系统的参数设置对话框中，而帮助文档则通过参数设置对话框中的 Help 点击打开，帮助文档是以 html 语言实现的。

根据图 2-15 所示，子系统只需对 Gain 和 Gain1 中的参数进行设置。完成设置后单击界面（图 2-15）下的 OK 按钮完成封装，回到模型编辑窗口。这时双击封装后的子系统将不再弹出子系统内部结构框图，而是弹出一个参数设置界面，用户只需要在该对话框中设置相关参数即可。

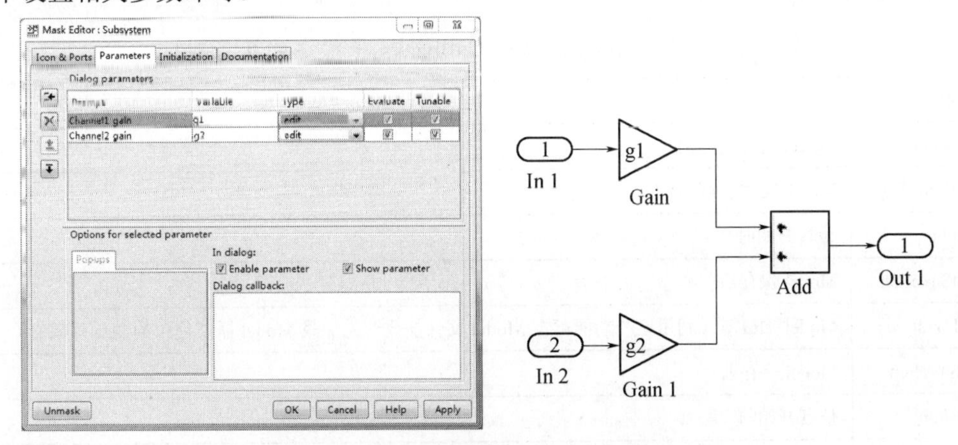

图 2-15　子系统封装编辑界面及其参数设置

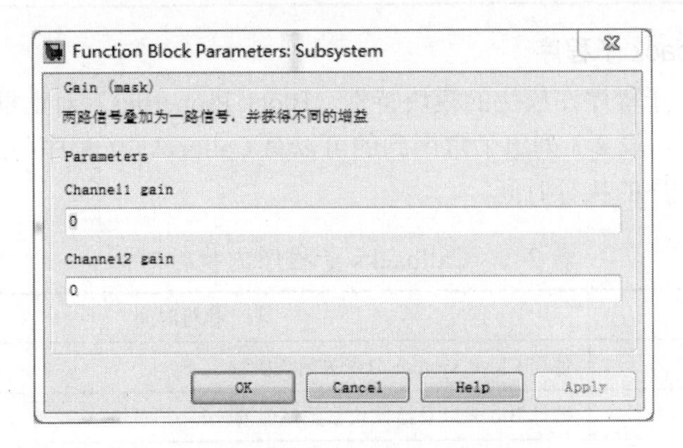

图 2-16　封装后子系统的参数设置界面

对于已经封装的子系统，可以通过快捷菜单选择 Edit Mask 命令来重新编辑封装参数设置界面。若需要修改子系统的内部结构可使用选择 Look under mask 命令打开系统内部模型进行修改。在编辑封装界面下部有一个 Unmask 按钮，单击该按钮可以解除封装，恢复原来未封装的子系统形式。

2.2.4　Callbacks 子程序的使用

Simulink 通过 Callbacks 子程序为用户提供了建立、运行和管理系统模型的又一有效的工具。Callbacks 子程序由 Matlab 命令或表达式组成并且只在系统框图或模块受到某种作用时执行。Callback 子程序与模块端口或者模型参数相对应。

1. 模型 Callbacks 子程序

模型 Callbacks 子程序对应在模型的模型特性（Model Properties）对话框中的 Callbacks 页面。Callbacks 子程序是一组 Matlab 语句或表达式。开发者可在 Callbacks 窗口内输入这些语句和表达式，也可以将执行命令存放在 M 文件中，只在 Callbacks 窗口内列出该

M 文件的文件名。

Callbacks 子程序是与模型参数相对应的，表 2-2 列出了模型参数的名称及 Callbacks 子程序的执行时间。

表 2-2　模型参数的名称及 Callbacks 子程序的执行时间

模型参数	执行时间
CloseFcn	Model 文件关闭前
PostLoadFcn	Model 文件加载后
Initfcn	仿真开始时
PostSaveFcn	Model 保存后
PreLoadFcn	Model 加载前（利用这一功能可在 Model 文件加载前先加载 Model 需要使用的变量并赋值）
PreSaveFcn	Model 保存前
StartFcn	仿真开始前
StopFcn	仿真结束后（StopFcn 执行前，仿真的结果已经写入 Workspace 中）

2. 模块 Callback 子程序

模块 Callback 子程序在模块的模块特性（Block Properties）对话框中的 Callbacks 页面窗口中进行编写。表 2-3 列出了常用到的可以有 Callbacks 子程序与之相对应的模块参数及 Callback 子程序的执行时间。

表 2-3　Callbacks 子程序的执行时间

模型参数	执行时间
CloseFcn	使用 Close_system 命令关闭模块时
InitFcn	编译 Block 以及给模块参数赋值前
LoadFcn	Block 文件加载后
ModelCloseFcn	Block 文件关闭前
OpenFcn	模块打开前
PreSaveFcn	Block 保存前
PostSaveFcn	Block 保存后
StartFcn	Block 文件编译后，仿真开始前
StopFcn	Block 仿真停止时

2.3　VC++控制调度的实现

2.3.1　Matlab 引擎的使用

1. Matlab 引擎

Matlab 引擎提供了一组 VC++的编程接口函数，采用服务器/客户端模式，VC++程序充当客户端，Matlab 扮演服务器角色，VC++程序承担参数设置、结果显示任务，而中间的数值计算和仿真完全交由 Matlab 实现。常用 Matlab 引擎函数见表 2-4。

表 2-4 常用 Matlab 引擎函数

函数	功 能	使用方法
engOpen	启动一个 Matlab 引擎	ep=engOpen(NULL)
engEvalStrin	向 Matlab 引擎发送命令字符串	engEvalString(ep,"command string")
engPutVariab	向 Matlab 引擎传输一个矩阵变量	engPutVariable(ep,"p",P)，P 为经过转换的矩阵变量
engSetVisible	设置 Matlab 对话框显示或隐藏	engSetVisible(ep,0/1)
engClose	关闭 Matlab 引擎	engClose(ep)

VC++程序控制 Matlab/Simulink 仿真需要使用 engEvalString 发送命令字符串，用于打开文件、设置参数、启动和停止仿真等。常用的命令字符串如表 2-5 所示。

表 2-5 常用命令字符串

命令	功 能	使用方法
load_system	加载仿真模块	load_system('sys')
open_system	打开仿真模块	open_system('sys')
set_param	设置仿真模块参数	set_param('obj','parameter1',value1,'parameter2',value2,..
sim	开始仿真	sim('sys')
bdclose	停止正运行的仿真系统/关闭已打开的仿真系统	bdclose()

2. 开发环境配置

编译平台使用 VC++6.0，要实现调用 Matlab Engine，首先按以下步骤配置头文件和库文件。

(1) 添加 Include 文件路径：工具→选项→目录→include files 添加 E:\PROGRAM FILES\MATLAB\R2009a\EXTERN\INCLUDE（根据 Matlab 的安装位置进行更改）。

(2) 添加 Library 文件路径：工具→选项→目录→library files 添加 E:\PROGRAM FILES\MATLAB\R2009a\EXTERN\LIB\WIN32\MICROSOFT（根据 Matlab 的安装位置进行更改）。

(3) 将静态链接库添加到工程中：工程→设置→连接，在分类中选择“输入”，在对象/库模块中添加 libeng.lib libmat.lib libmx.lib。

(4) 在源代码开始处添加头文件：include “engine.h”。

2.3.2 基于 COM 组件的窗口嵌入方法

基于 COM 组件的窗口嵌入步骤是：首先运行 mdl 文件，弹出所需窗口，根据对象名称找到窗口，获取窗口的句柄，然后去掉窗口的标题栏和边框，将对象窗口设置为 VC 界面的子窗口，最后根据要嵌入的 VC 界面区域信息调整窗口位置。

这个过程主要使用了 CWnd 类中的三个成员函数：

```
static CWnd* PASCAL FindWindow( LPCTSTR lpszClassName, LPCTSTR lpszWindowName )
```

FindWindow 函数根据窗口所属类名和窗口名找到特定的窗口，如果 lpszClassName 参数为 NULL，则仅根据窗口名寻找目标；

```
CWnd* SetParent( CWnd* pWndNewParent )
```

SetParents 用于设置子窗口的父窗口；

```
BOOL SetWindowPos( const CWnd* pWndInsertAfter, int x, int y, int cx, int cy, UINT nFlags )
```

SetWindowPos 函数用于调整窗口位置。

2.3.3 应用实例

附录 2 中研究三“卫星通信故障分析及排除故障方法”使用了上述 VC++与 Matlab 混合编程技术，搭建了“SCPC 仿真系统”。

其中 VC++界面对 Simulink 的控制利用了 Matlab 引擎技术，部分 Simulink 窗口与 VC++界面结合采用了基于 COM 组件的窗口嵌入方法。VC++程序按照如图 2-17 所示流程编写。

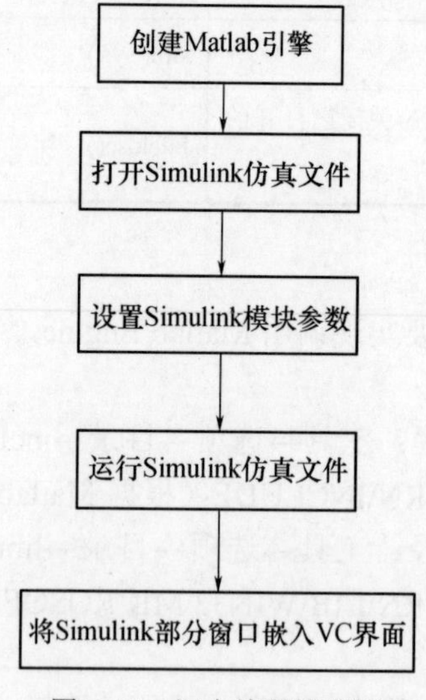

图 2-17　混合编程流程图

部分关键代码为：

```
Engine *ep;                                    //创建 Matlab 引擎
If(!(ep=engOpen(NULL)))
{
```

```
        MessageBox("Open Engine Error!");
        return;
    };
    engSetVisible(ep,0);
    CString command;
    command="open_system('scpc')";  //打开 Simulink 仿真文件，路径根据具体位置作更改
    engEvalString(ep,command);
    ......
    //设置 Simulink 模块中的天线频率 f
    GetDlgItem(IDC_SPSXPL_EDIT)->GetWindowText(f);
    A[0]=atof(f.GetBuffer(f.GetAllocLength()));
    M = mxCreateDoubleMatrix(1, 1, mxREAL);         //定义 M 为 double 型的数组
    memcpy((char *) mxGetPr(M),(char *) A,sizeof(double));
    engPutVariable(ep,"c",M);
    engEvalString(ep,"set_param('scpc/Praraboloidal Reflector Antennas','f','c(1)')");
    ......
    engEvalString(ep,"sim('scpc',0.001);");          //运行 Simulink 文件，产生所需窗口
    ......
    //将发送功率谱窗口嵌入到 VC 界面中
    char FigName[]="scpc/Power Spectrum/Transmitted signal";
    HWND hFig = ::FindWindow(NULL,FigName); // 获得 Figure 窗口句柄
    long lStyle= ::GetWindowLong(hFig,GWL_STYLE); // 去掉 Figure 窗口的标题栏和边框
    ::SetWindowLong(hFig,GWL_STYLE,lStyle & (~WS_CAPTION) & (~WS_THICKFRAME) & (~WS_TILED) );
    ::SetWindowPos(hFig,NULL,0,0,0,0,SWP_NOMOVE | SWP_NOSIZE|SWP_NOZORDER |SWP_NOACTIVATE | SWP_FRAMECHANGED);
    RECT PlotRec;                          // 获取绘图区域的位置和大小
    CWnd *PlotArea = GetDlgItem(IDC_STATIC1);
    PlotArea->GetWindowRect(&PlotRec);
    long Width = PlotRec.right - PlotRec.left;
    long Height = PlotRec.bottom - PlotRec.top;
    ::SetParent(hFig,PlotArea->GetSafeHwnd());   // 设置 Figure 窗口为 VC 界面的子窗口
    ::SetWindowPos(hFig,NULL,1,1,Width+5,Height+30,SWP_NOZORDER|SWP_NOACTIVATE);
```

//调整窗口位置

系统界面和运行效果如图 2-18 所示。

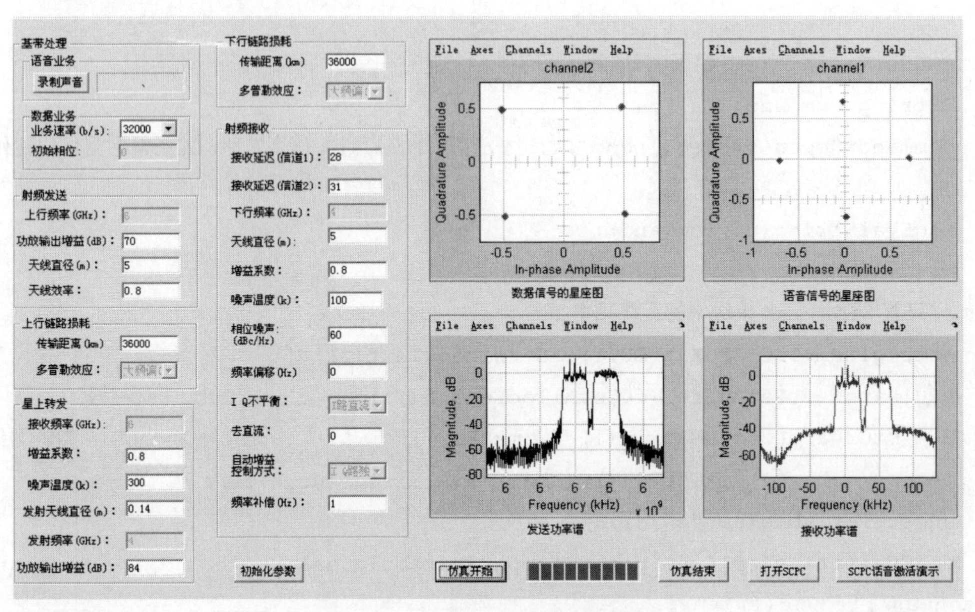

图 2-18 “SCPC 仿真系统”界面

可以看到 VC++界面和 Simulink 仿真文件很好地进行了结合，仿真系统整体操作上也非常方便。

第三章　系统功能模块设计与实现

3.1　通信系统仿真模块

3.1.1　信源模块

Simulink 通信工具箱中的 Comm Sources/Data Sources 提供了数字信号源 Bernoulli Binary Generator，这是一个按 Bernoulli 分布提供随机二进制数字信号的通用信号发生器。在现实中，对受信者而言，发送端的信号是不可预测的随机信号。因此，在仿真中可以用 Bernoulli Binary Generator 来等效替代基带信号发生器。表 3-1 是对该模块的参数说明。

表 3-1　Bernoulli Binary Generator 模块参数说明

模块名称	Bernoulli Binary Generator			
功能描述	产生比特流			
I/O 接口	输出接口	1	输出信号属性	数字信号（比特流）
常用参数说明	Probability of a zero	产生的信号中 0 符号的概率，在仿真时一般设成 0.5，这样便于频谱的计算		
	Initial seed	初始化种子控制随机数产生的参数，要求不小于 30，而且与其他模块中的 Initial seed 设置不同的值		
	Sample time	采样时间		
	Output data type	输出数据属性		
	Frame-based outputs	选中该项，数据将以帧格式输出		

图 3-1 为 Bernoulli Binary Generator 模块和参数设置界面。

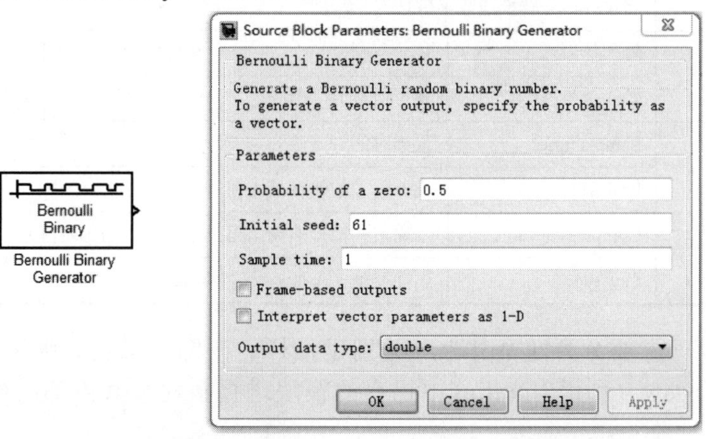

图 3-1　Bernoulli Binary Generator 模块和参数设置界面

3.1.2 信源编码/解码模块

1. 信源编码

信源编码是对输入的信息进行编码，优化信息和压缩信息形成符合标准的数字信号比特流。信源编码有两个作用，作用之一是设法减少码元数目和降低码元速率，即通常所说的数据压缩；作用之二是将信源的模拟信号转化成数字信号，以实现模拟信号的数字化传输。在通信过程中，信源编码显得尤为重要，不同的编码方式，将会对话音的质量有重要的影响。在这个模块库中，设计有常用的一些语音编码方式，模块库的组成如图 3-2 所示。

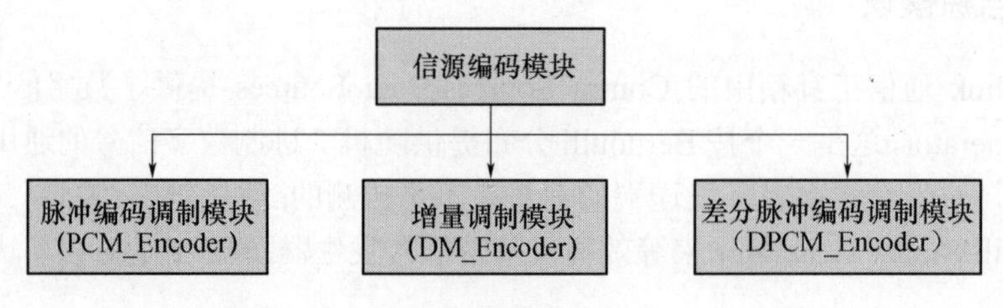

图 3-2　信源编码模块组成

1) 脉冲编码调制模块的设计

脉冲编码调制（Pulse Code Modulation）是一种对模拟信号数字化的取样技术，将模拟的话音信号转换成数字信号的编码方式，特别是对音频信号。PCM对信号每秒的取样8000次；每次取样为8个位，总共64Kb/s。取样等级的编码有两种标准。北美洲及日本使用Mu-law标准，其他大多数国家使用A-law标准。脉冲编码调制主要经过3个过程：抽样、量化、编码。抽样过程将连续时间模拟信号变成离散时间、连续幅度的抽样信号，量化过程是将抽样信号变成离散时间、离散幅度的数字信号，编码过程将量化后的信号编码成一个二进制码组输出。模块的参数说明如表3-2所示。

表 3-2　PCM Encoder 模块参数说明

模块名称	PCM Encoder			
功能描述	将模拟信号转换成数字信号			
I/O 接口	输入接口	1	输出接口	1
	输入信号属性	模拟信号/离散信号	输出信号属性	数字信号（比特流）
常用参数说明	Sample time	采样时间		
	Peak value	输入信号的幅度最大值		
	Compressor value	压缩值（根据不同压缩类型填写不同压缩值）		
	Law type	压缩类型（A-law 或是 Mu-law）		

模块的设计主要分为四个部分，分别是抽样、压缩、量化、编码，其中压缩分为A-law、Mu-law。利用Simulink中已有的模块进行搭建，其内部结构框图如图3-3所示。

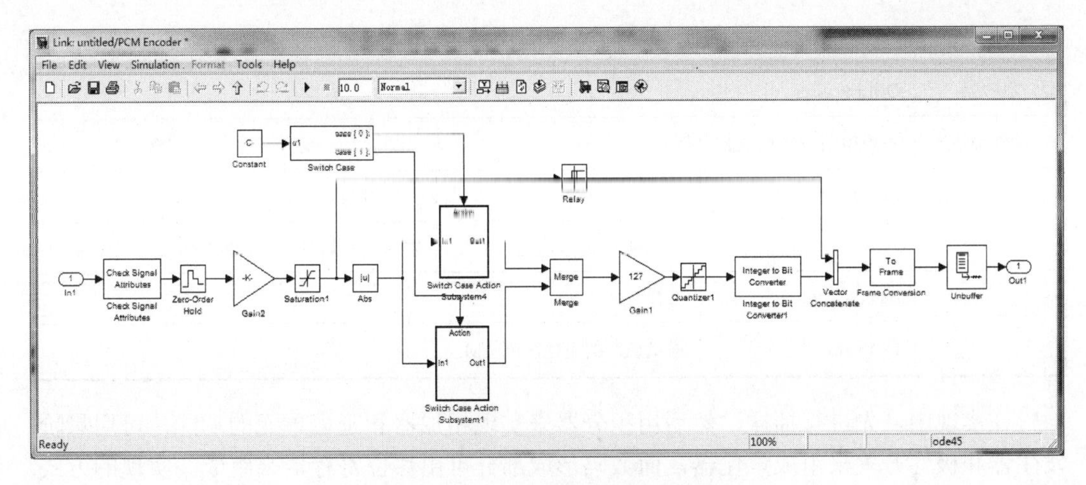

图 3-3　PCM Encoder 模块结构框图

该模块封装后的效果图及参数设置界面如图3-4所示。

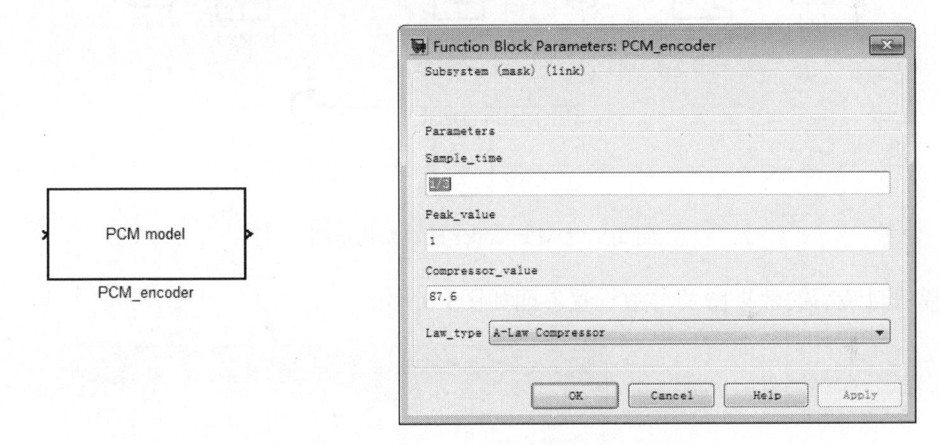

图 3-4　PCM Encoder 模块及参数设置界面

2) 增量调制模块的设计

增量调制简称ΔM或增量脉码调制方式（DM），它是继PCM后出现的又一种模拟信号数字化的方法。1946年由法国工程师De Loraine提出，目的在于简化模拟信号的数字化方法。主要在军事通信和卫星通信中广泛使用，有时也作为高速大规模集成电路中的A/D转换器使用。

增量调制（ΔM）与脉码调制(PCM)相比，具有以下三个特点：

(1) 电路简单，而脉码调制编码器需要较多逻辑电路。

(2) 数据率低于40Kb/s时，话音质量比脉码调制得好，增量调制一般采用的数据率为32Kb/s或16Kb/s。

(3) 抗信道误码性能好，能工作于误码率为10^{-3}的信道，而脉码调制要求信道误码率低于10^{-6}～10^{-5}。因此,增量调制适用于军事通信、散射通信和农村电话网等中等质量的通信系统。增量调制技术还可应用于图像信号的数字化处理。增量调制模块的参数说明如表3-3所示。

表 3-3　DM Encoder 模块参数说明

模块名称	DM Encoder			
功能描述	将模拟信号转换成数字信号			
I/O 接口	输入接口	1	输出接口	1
	输入信号属性	模拟信号/离散信号	输出信号属性	数字信号（比特流）
参数说明	Sample time	采样时间		
	DM value	增量调制的量化区间 ΔM		

在实现中，先进行抽样，然后用积分器来实现相加器和延迟单元的功能，可用量阶发生器和极性开关来组成量化器，而数码形成部分可由移位寄存器来组成。实现的方式主要使用Simulink现有的模块进行搭建，模块内部结构框图如图3-5所示。

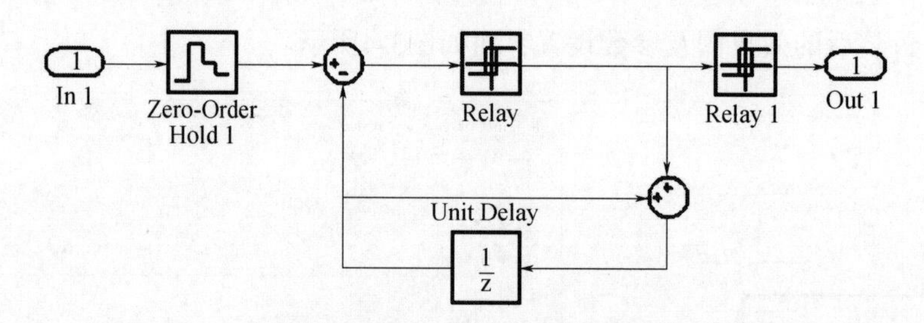

图 3-5　DM Encoder 模块结构框图

模块封装后的效果图及参数设置界面如图3-6所示。

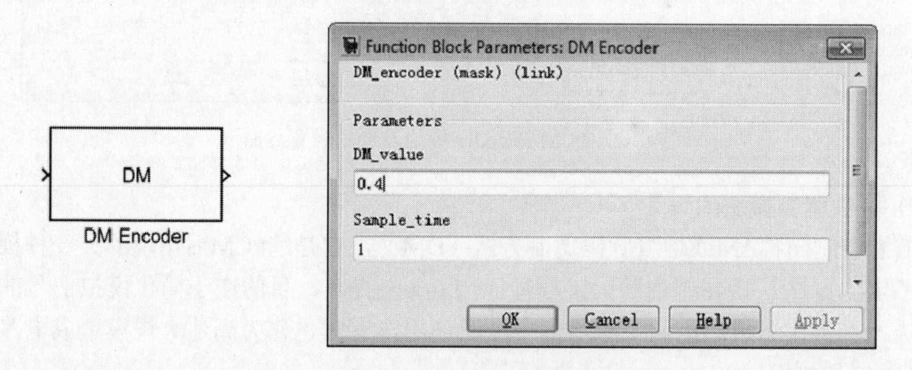

图 3-6　DM Encoder 模块及参数设置界面

3) 差分脉冲编码调制模块

差分脉冲编码调制的基本思想是将“话音信号值同预测编码的差值”做量化编码。增量调制可看作简化后的差分脉冲编码调制，它只是将话音信号与预测值的差值做了简单的量化（即只存在两个量化值$+\sigma$、$-\sigma$），1bit的编码，而差分脉冲编码是将该差值进行多区间量化，编码比特位数由划分的量化区间数量决定。与PCM和DM相比，DPCM在提高信道利用率的同时，降低了编码的量化误差。模块参数说明如表3-4所示。

表 3-4　DPCM Encoder 模块参数说明

模块名称	DPCM Encoder			
功能描述	将模拟信号转换成数字信号			
I/O 接口	输入接口	1	输出接口	1
	输入信号属性	模拟信号/离散信号	输出信号属性	数字信号（比特流）
参数说明	Sample time	采样时间		
	Numerator coefficient	线性预测模块传递函数分子系数矩阵		
	Denominator coefficient	线性预测模块传递函数分母系数矩阵		
	Quantization partition	量化分割，为了对采样值与预测值的差值进行量化所划分的区间		
	Quantization codebook	量化码本，对采样值与预测值的差值进行量化		

差分脉冲编码实现的结构框图如图3-7所示。

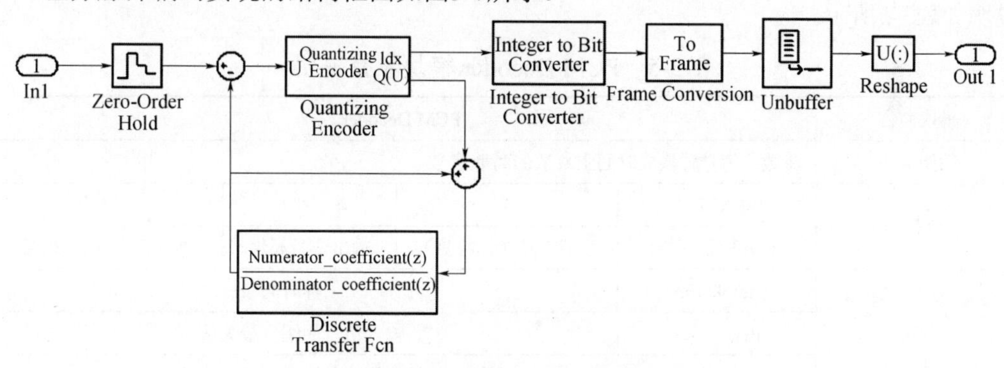

图 3-7　DPCM Encoder 结构框图

模块封装后的效果图及参数设置界面如图3-8所示。

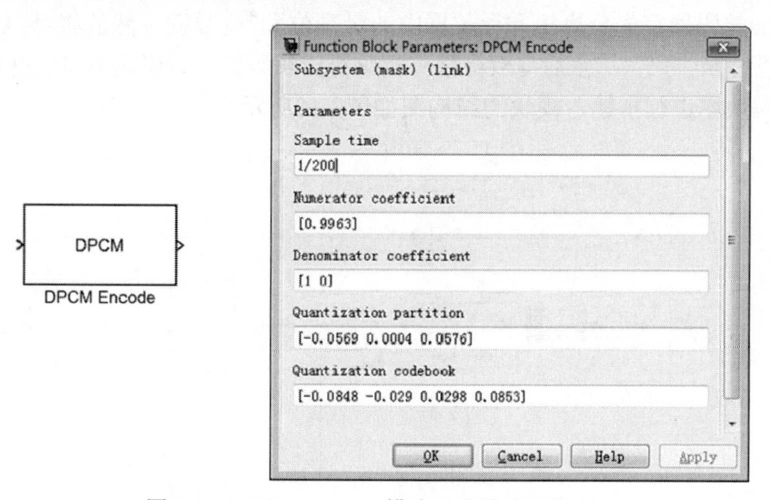

图 3-8　DPCM Encoder 模块及参数设置界面

2. 信源解码

与信源编码模块组成相对应，信源译码主要包含三个模块，具体如图 3-9 所示。

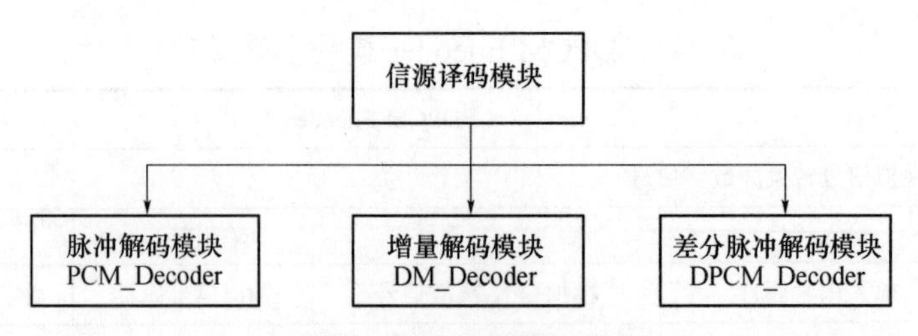

图 3-9 信源译码模块组成

1) 脉冲解码模块的设计

脉冲解码是脉冲编码调制的逆过程，它是把编码后的信息还原成时间上连续的信号。在工程实现的过程中，将会还原出在时间上离散的信号，由于在调制过程中采用了8Kb/s的抽样速率和每样值8bit的编码方式，所以在解码过程中同样需要采用每样值8bit的解码方式。在解码中，同样有两种不同的标准，一是A律，一种是Mu律。这个模块的说明如表3-5所示。

表 3-5 PCM Decoder 模块参数说明

模块名称	PCM Decoder			
功能描述	将数字信号转换成时间上离散的离散信号			
I/O 接口	输入接口	1	输出接口	1
	输入信号属性	数字信号（比特流）	输出信号属性	模拟信号/离散信号
常用参数说明	Sample time	采样时间		
	Peak value	输入信号的幅度最大值		
	Compressor value	压缩值（根据不同压缩类型填写不同压缩值）		
	Law type	压缩类型（A-law 或是 Mu-law）		

PCM的解码器首先分离出并行数据中的最高位和7位数据，然后将7位数据转换为整数值，再进行归一化，扩张后与双极性码相乘得出解码值，该模块主要通过利用Simulink中现有的模块库进行搭建，模块的结构图如图3-10所示。

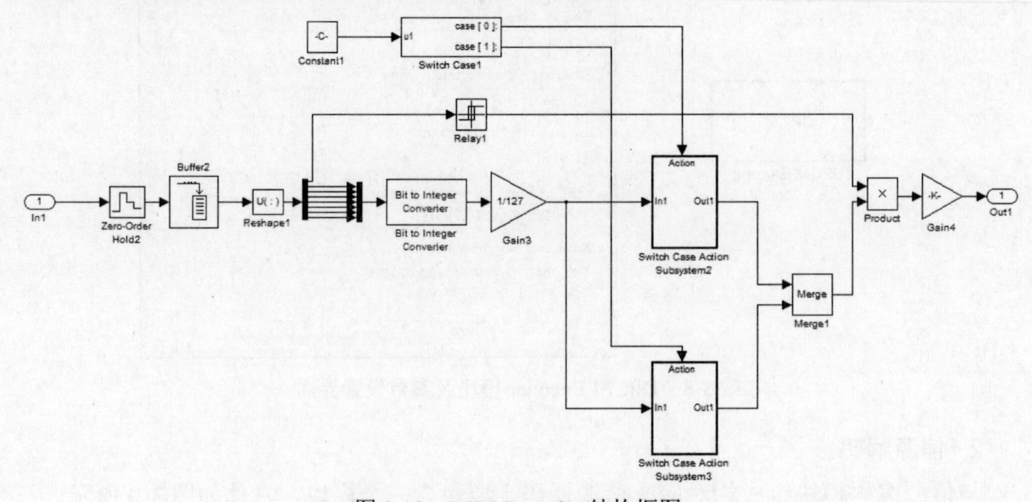

图 3-10 PCM Decoder 结构框图

模块封装后的效果图及参数设置界面如图3-11所示。

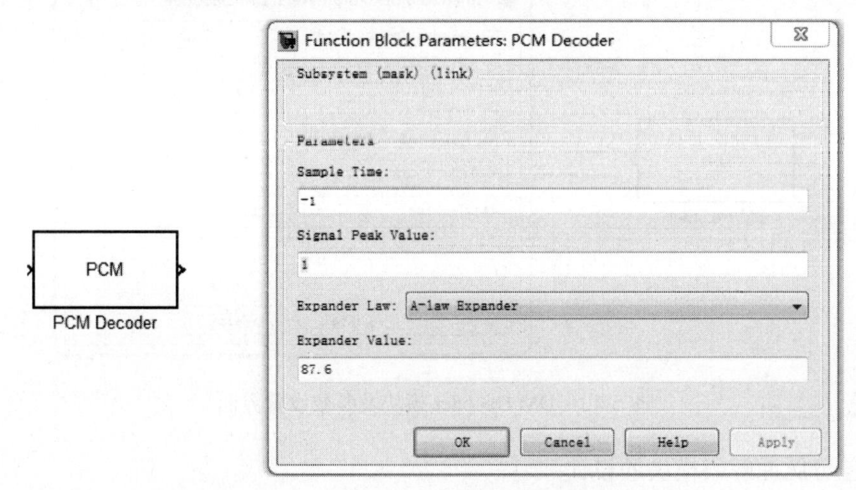

图 3-11 PCM Decoder 模块及参数设置界面

2) 增量解调模块的设计

增量解调模块是对增量调制的解码，它是把数字信号还原成在时间上连续、在幅度上离散的信号。这个模块的参数说明如表3-6所示。

表 3-6 DM Decoder 模块参数说明

模块名称	DM Decoder			
功能描述	将数字信号还原成在时间上连续、在幅度上离散的信号			
I/O 接口	输入接口	1	输出接口	1
	输入信号属性	模拟信号/离散信号	输出信号属性	数字信号（比特流）
参数说明	Sample time	采样时间		
	DM value	增量调制的量化区间 ΔM		

在解码中，增量解码模块由一个延迟相加电路组成，在实用中，为了简单起见，通常用一个积分器来代替上述的延迟相加电路。实现的主要方式是通过Simulink中现有的模块进行搭建，其实现的结构框图如图3-12所示。

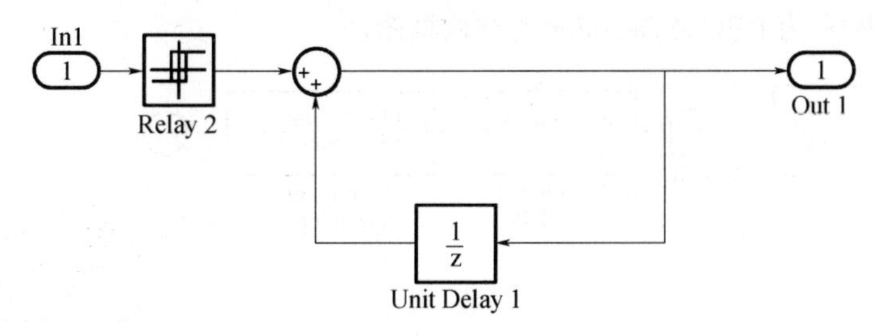

图 3-12 DM Decoder 结构框图

封装后的效果图及参数设置界面如图3-13所示。

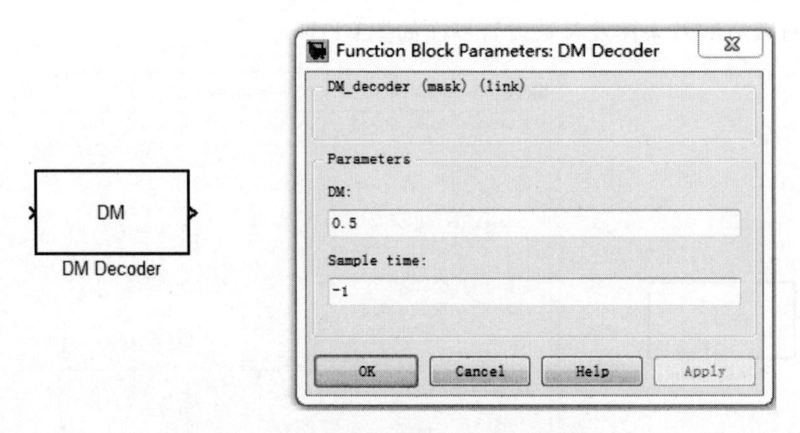

图 3-13　DM Decoder 模块及参数设置界面

3) 差分脉冲解码模块的设计

差分脉冲解码模块解码过程与 DM 相似，只是解码模块变得较为复杂，必须与编码模块具有相同的码本才能恢复出与发送端相同的波形。模块的参数说明如表 3-7 所示。

表 3-7　DPCM Decoder 模块参数说明

模块名称	DPCM Decoder			
功能描述	将模拟信号转换成数字信号			
I/O 接口	输入接口	1	输出接口	1
	输入信号属性	模拟信号/离散信号	输出信号属性	数字信号（比特流）
参数说明	Sample time	采样时间		
	Numerator coefficient	线性预测模块传递函数分子系数矩阵		
	Denominator coefficient	线性预测模块传递函数分母系数矩阵		
	Quantization partition	量化分割，为了对采样值与预测值的差值进行量化所划分的区间		
	Quantization codebook	量化码本，对采样值与预测值的差值进行量化		

如图 3-14 所示为 DPCM Decoder 的结构框图。

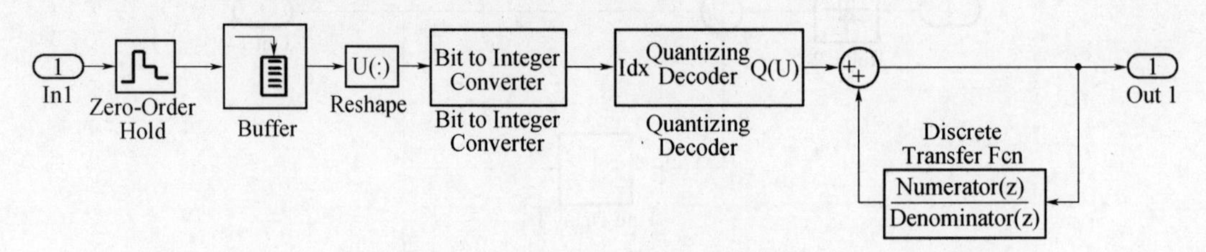

图 3-14　DPCM Decoder 结构框图

封装后的效果图及参数设置界面如图 3-15 所示。

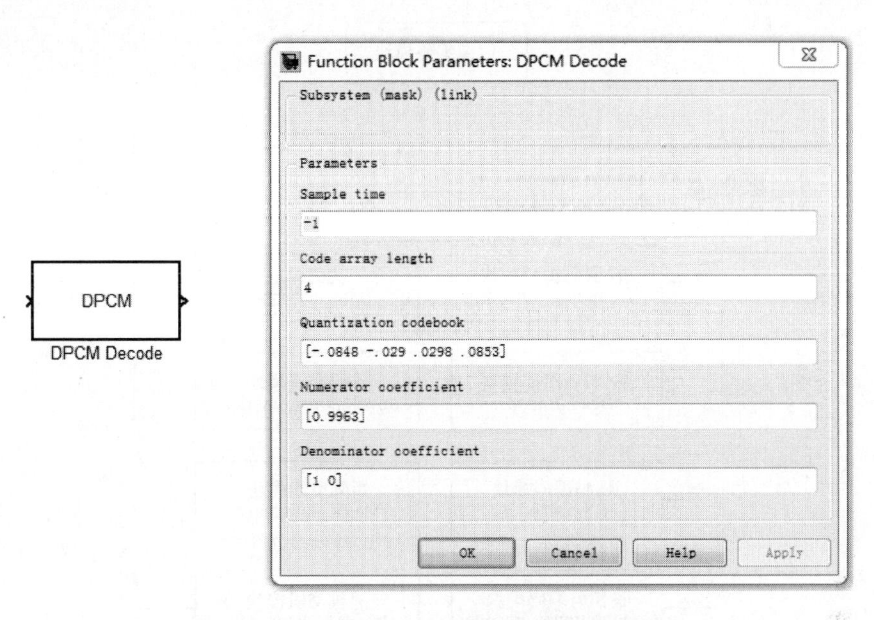

图 3-15　DPCM Decoder 模块及参数设置界面

3.1.3　信道编码/译码模块

1. 信道编码

信道编码是根据一定的规律在待发送的信息码中加入一些冗余，以确保或提高传输的可靠性。信道编码的任务就是构造出以最小的冗余度代价换取最大抗干扰的“好码”。在实际的通信过程中，由于信道存在噪声和干扰，使发送的码字与信道传输后所接收的码字之间存在差异，称这种差异为差错。信道编码的目的是为了改善通信系统的传输质量。根据码的规律性，可分为检纠错码和非检纠错编码两大类，前者的规律性在于编码后码字中k位信息与$r=n-k$位监督元之间建立了一定的函数关系，监督元随信息组变化而变化，码字具有一定的检、纠错能力，后者包括扰码和交织编码等。在这个模块库中，设计有两类常用的信道编码方式：检纠错码和非检纠错码。图3-16所示模块是通信系统中常用到的信道编码类型，限于篇幅，本节只对检纠错码和非检纠错码中的卷积、交织模块进行介绍，其他模块读者可参看Matlab的帮助文档。本节介绍的模块均在Simulink模块库中Communication Blockset->Error Detection and Correction和Interleaving目录下，用户可在该目录下调用这些模块。通信系统常用到的信道编码模块如图3-16所示。

1) 汉明码编码模块的设计

该模块可以产生一个（N，K）的汉明编码。码字长度$N=2^M-1$，信息长度$K=N-M$。具体码字读者可以参阅汉明码表，模块使用gfprimdf（M）作为GF（2^M）的本原多项式。gfprimdf函数将返回一个二进制向量作为参数指定的本原多项式。该向量可以作为Message length K的输入。表3-8为模块的参数说明。

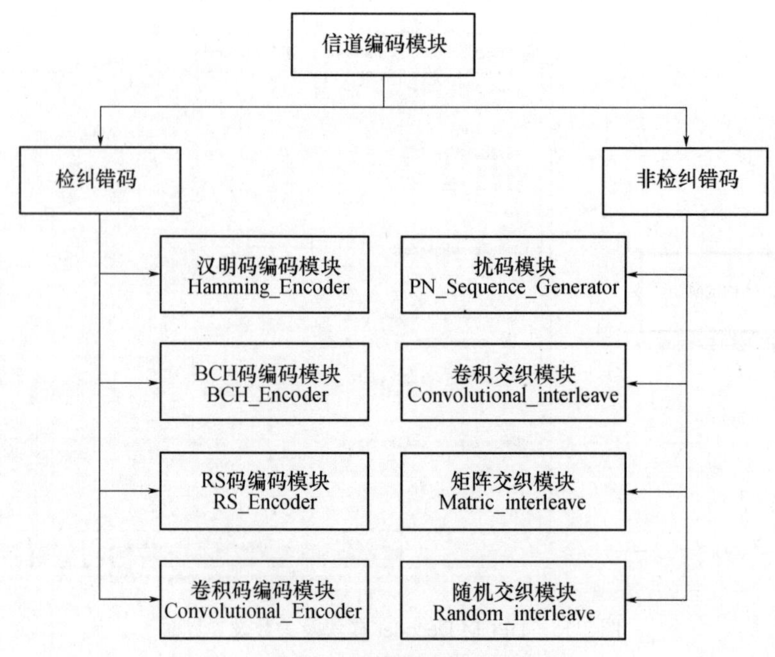

图 3-16　信道编码模块组成

表 3-8　汉明码编码模块参数说明

模块名称	Hamming Encoder			
功能描述	对信息加入冗余位以便进行纠错，提高传输的可靠性			
I/O 接口	输入接口	1	输出接口	1
	输入信号属性	数字信号(比特流)	输出信号属性	数字信号(比特流)
参数说明	Codeword length N	码字长度		
	Message length K,or M-degree primitive polynomial	信息位长度，输入向量的长度		

图3-17为汉明码编码模块及参数设置界面。

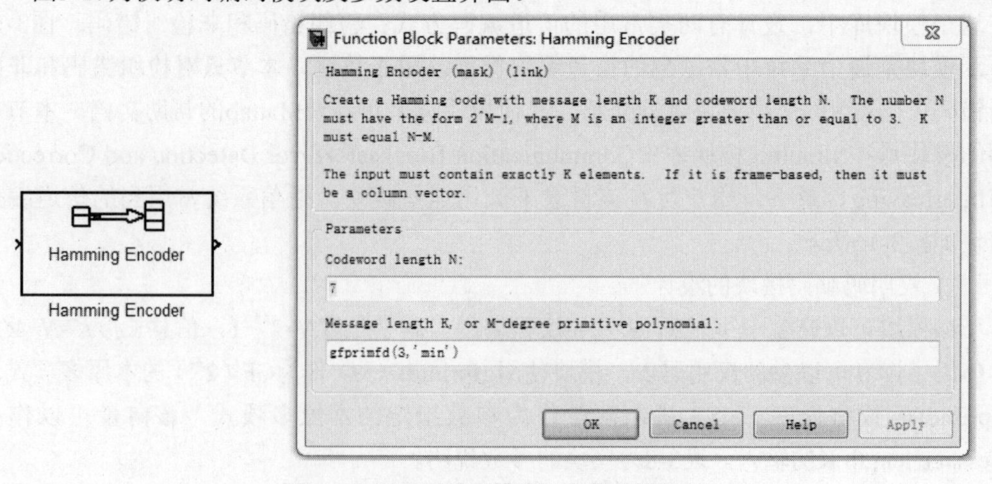

图 3-17　汉明码编码模块及参数设置界面

2) BCH码编码模块的设计

BCH编码模块的输入必须是有K的整数倍个元素的基于帧的列向量，每K个输入元素代表一个码字。模块中完成（N，K）的BCH编码。其中N具有（2^M-1）形式，$3 \leqslant M \leqslant 16$。如果$N$小于（$2^M-1$），那么模块认为码长减少了$2^M-1-N$；如果$N$大于（$2^M-1$），那么必须在模块参数项“Primitive polynomial”中设定适当的M值，具体的常用参数说明如表3-9所示，图3-18为BCH码编码模块及参数设置界面。

表 3-9　BCH 码编码模块参数说明

模块名称	BCH Encoder			
功能描述	对信息加入冗余位以便进行纠错，提高传输的可靠性			
I/O 接口	输入接口	1	输出接口	1
	输入信号属性	数字信号（比特流）	输出信号属性	数字信号（比特流）
常用参数说明	Codeword length N	码字长度		
	Message length K	信息位长度，输入向量的长度		
	Specify generator polynomial	选定后出现“Generator polynomial”项，代表初始多项式的二进制系数的行向量		

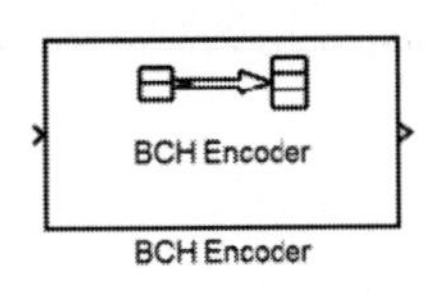

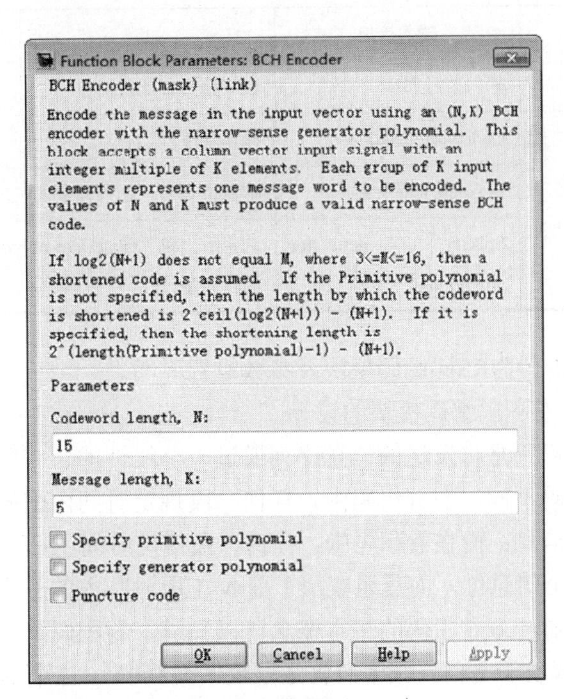

图 3-18　BCH 码编码模块及参数设置界面

3) RS码编码模块的设计

RS 码是一种重要的线性编码方式，有较强的纠错能力，被 DVB 采用。在（n，k）

RS 码中，输入信号分成 $k \cdot m$ 比特为一组，每组包括 k 个符号，每个符号由 m 个比特组成。

假设 RS 码的码字长度为 $n=2m-1$。信息位的长度等于 k，则监督位的长度 $r=n-k$。为了纠正 t 个符号的错误，需要 $2t$ 个符号的监督码，这样 RS 码的监督位长度 r 和 t 之间应满足关系：$r=n-k=2t$，因此 RS 码的码字长度与信息位的差值应该是一个偶数，同时，RS 的最小码距离 $d_0=r+1=2t+1$。

若指定生成多项式可以用"rsgenpoly（n,k）"表示，Primitive Polynomial 本原多项式可以用"primpoly（m）"所描述的多项式的二进制代码，则能纠正 t 个符号错误的 RS 码的生成多项式为

$$g(x) = (x + a^0)(x + a^1)(x + a^2)\cdots(x + a^{2t-1}) \tag{3-1}$$

用 Matlab 指令"rsgenpoly(n，k)"（其中 $k=n-2t$）可以求得。用指令"primpoly(s)"得到本原多项式的十进制描述，将其转换为二进制代码填入本原多项式参数栏。

Simulink 提供了两种 RS 编码器：整型 RS 编码器和二进制 RS 编码器。下面以二进制 RS 编码器为例。模块常用参数如表 3-10 所示。

表 3-10　RS 码编码模块参数说明

模块名称	RS Encoder			
功能描述	对信息加入冗余位以便进行纠错，提高传输的可靠性			
I/O 接口	输入接口	1	输出接口	1
	输入信号属性	数字信号（比特流）	输出信号属性	数字信号（比特流）
常用参数说明	Codeword length N	码字长度		
	Message length K	信息位长度，输入向量的长度		
	Specify generator polynomial	选定后出现"Generator polynomial"项，代表初始多项式的二进制系数的行向量		

图3-19为RS码编码模块及参数设置界面。

4) 卷积码编码模块的设计

卷积码是将发送的信息序列通过一个线性的、有限状态的移位寄存器进行编码。它与分组码不同，在分组码中，任何一段规定时间内编码器的输出完全取决于这段时间中的输入信息；而在卷积码中，任何一段规定时间内产生的 n 个码元不仅取决于这段时间内的 k 个信息位，而且还取决于前 $N-1$ 段时间内的信息位。

由前一章卷积码的基本概念可以知道，卷积码编码器的多项式描述包含两个或三个部分（取决于是前反馈编码器还是反馈编码器）。三个部分分别为约束长度、生成多项式、反馈连接多项式。在 Matlab 中卷积编码器的网络结构用 poly2trellis 来描述。例如：poly2trellis（9，[753 561]）表示约束长度是 9，生成多项式的八进制表达为[753 561]。该模块参数说明如表 3-11 所示。

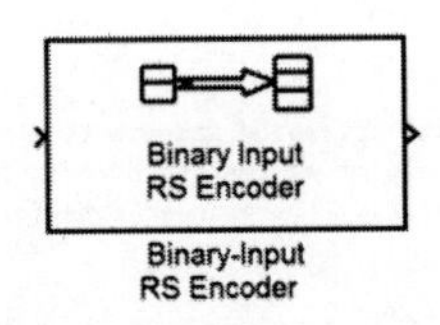

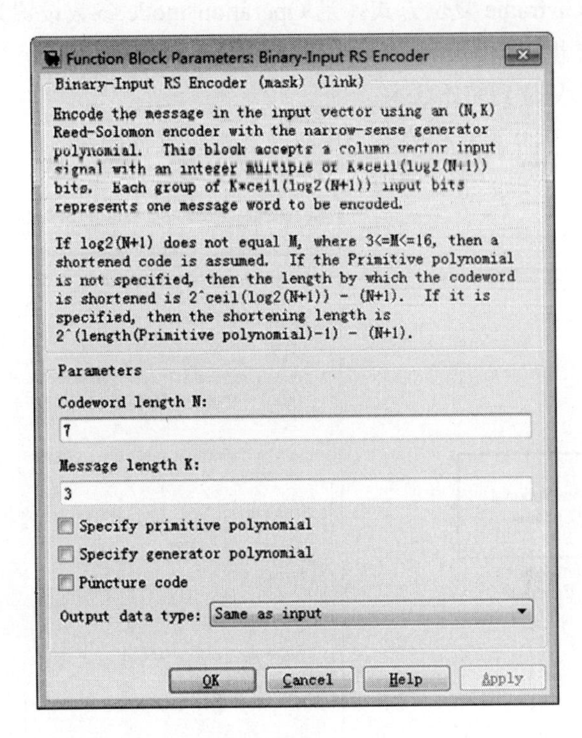

图 3-19 RS 码编码模块及参数设置界面

表 3-11 卷积码编码模块参数说明

模块名称	Convolutional Encoder			
功能描述	对输入信息进行卷积码编码			
I/O 接口	输入接口	1	输出接口	1
	输入信号属性	数字信号（比特流）	输出信号属性	数字信号（比特流）
常用参数说明	Trellis structure	编码器网格结构		
	Operation mode	操作模式，包含 Continuous、Terminated、Truncated 和 Reset on nonzero input via port		

对于操作模式有四种类型：Continuous、Terminated、Truncated 和 Reset on nonzero input via port。如果输出信号是抽样信号，则应该把本参数设置为 Continuous 模式；当输入信号是帧数据时，操作模式可以是 Continuous、Terminated 或 Truncated。对于 Continuous 模式，卷积码编码器在每帧数据结束时保存译码器的内部状态，用于对下一帧数据实施解码；Terminated 模式适用于卷积编码器的每帧输入信号的末尾有足够的零，能够把卷积码编码器在完成一帧数据的编码之后把内部状态复位为 0；Truncated 模式时，编码器在每帧数据结束的时候总能恢复到全零的状态，它对应于卷积编码器的

On each frame 复位方式；当 Operation mode 参数设置为 Reset on nonzero input via port 时，卷积码编码器增加一个输入信号端口 Rst。同时，当 Rst 的输入信号非零时，卷积码编码器复位到初始状态。

图 3-20 为卷积码编码模块及参数设置界面。

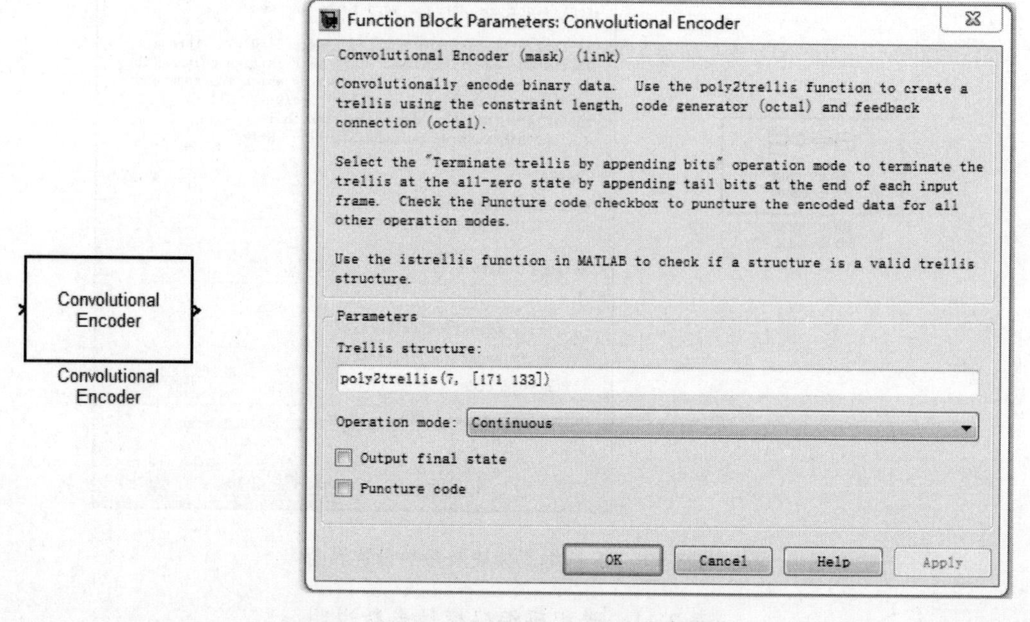

图 3-20　卷积码编码模块及参数设置界面

5) 卷积交织模块的设计

卷积交织模块是卫星通信系统中经常用到的交织模块，可有效地对抗突发干扰，提高系统的抗干扰性能。该模块位于 Communication Blockset→Interleaving→Convolutional 模块库中，模块参数设置简单，参数设置说明如表 3-12 所示。

表 3-12　卷积交织模块参数说明

模块名称	Convolutional Interleaver			
功能描述	改变输入信号的排列顺序，减小前后信息比特的相关性			
I/O 接口	输入接口	1	输出接口	1
	输入信号属性	数字信号（比特流）	输出信号属性	数字信号（比特流）
常用参数说明	Rows of shift registers	移位寄存器的数量		
	Register length step	决定寄存器输出延时，第 K 位寄存器的输出延时等于该值的 K−1 倍		
	Initial condition	初始状态		

图 3-21 为卷积交织模块及参数设置界面。

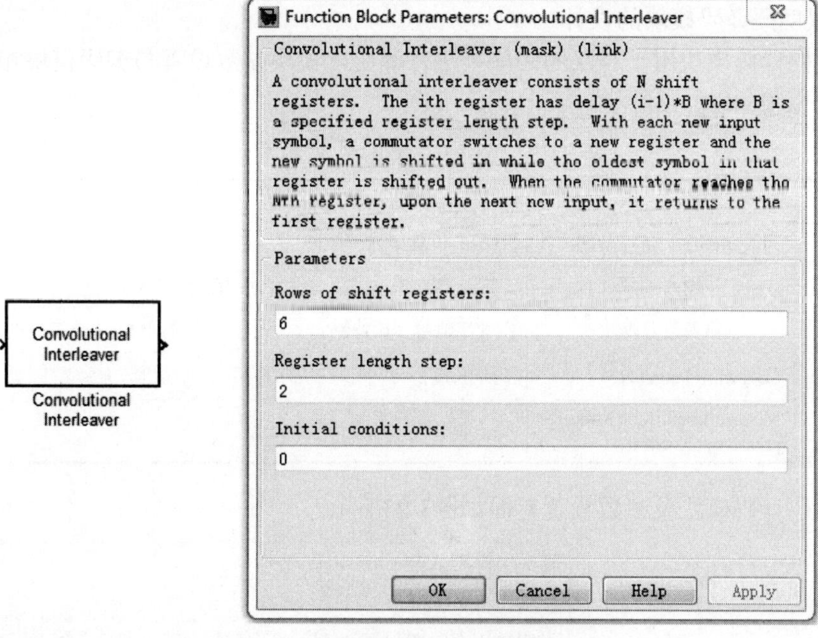

图 3-21　卷积交织模块及参数设置界面

2. 信道译码

信道译码模块库的模块组成与信道编码模块库的模块相对应，本节只介绍通信系统仿真中常用到的信道译码模块，其他模块读者可参看 Matlab 的帮助文档。本节介绍的模块均在 Simulink 模块库中 Communication Blockset→Error Detection and Correction 和 Interleaving 目录下，用户可在该用户下调用这些模块。具体信道译码模块的组成如图 3-22 所示。

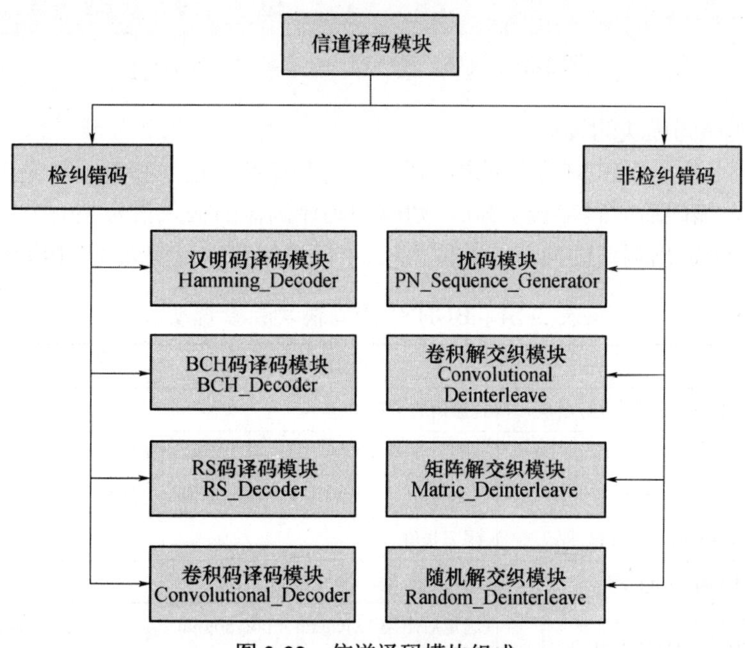

图 3-22　信道译码模块组成

1) 汉明码译码模块的设计

汉明码译码模块用于对汉明码序列进行译码，模块参数设置与编码模块相同，具体模块参数说明如表3-13所示。

表 3-13　汉明码译码模块参数说明

模块名称	Hamming Decoder			
功能描述	对汉明码序列进行解码，得到原始的信息序列			
I/O 接口	输入接口	1	输出接口	1
	输入信号属性	数字信号（比特流）	输出信号属性	数字信号（比特流）
参数说明	Codeword length N	码字长度		
	Message length K,or M-degree primitive polynomial	信息位长度，输入向量的长度		

汉明码译码模块及参数设置界面如图3-23所示。

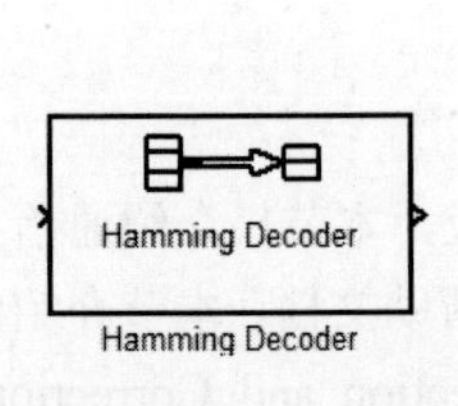

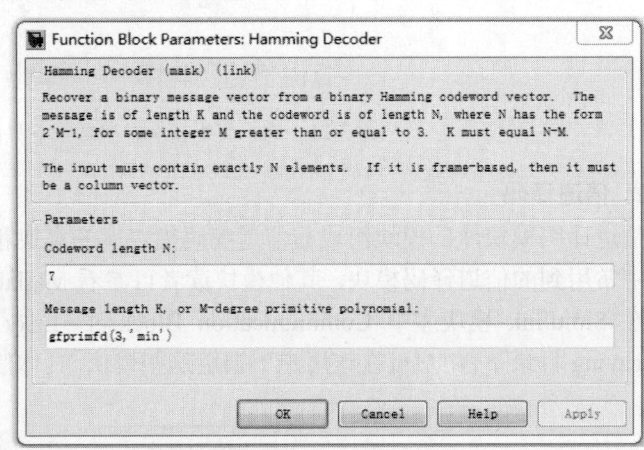

图 3-23　汉明码译码模块及参数设置界面

2) BCH码译码模块的设计

BCH译码是用于对BCH码序列进行译码，得到原始的信息序列。如果BCH编码的信息位长度为k，编码后的码字长度为n，则BCH码译码器的输入信号是一个长度为n的向量，并且第一个输出端口的向量的长度为k。该模块的参数说明如表3-14所示。

表 3-14　BCH 码译码模块参数说明

模块名称	BCH Decoder			
功能描述	对 BCH 码序列进行解码，得到原始的信息序列			
I/O 接口	输入接口	1	输出接口	1
	输入信号属性	数字信号（比特流）	输出信号属性	数字信号（比特流）
常用参数说明	Codeword length N	码字长度		
	Message length K	信息位长度，输入向量的长度		
	Specify generator polynomial	选定后出现“Generator polynomial”项，代表初始多项式的二进制系数的行向量		

BCH码译码模块及参数设置界面如图3-24所示。

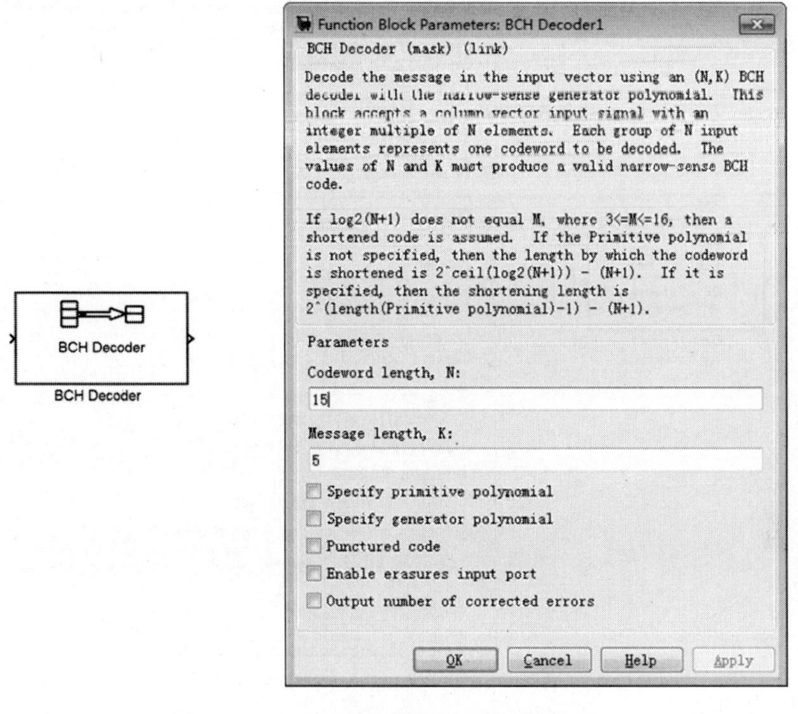

图 3-24 BCH 码译码模块及参数设置界面

3) RS码译码模块的设计

RS码译码模块是对RS码序列进行译码，其参数设置与RS编码模块相同，具体参数说明如表3-15所示，RS码译码模块及其参数设置界面如图3-25所示。

表 3-15 RS 码译码模块参数说明

模块名称	RS Decoder			
功能描述	对 RS 码序列进行解码，得到原始的信息序列			
I/O 接口	输入接口	1	输出接口	1
	输入信号属性	数字信号（比特流）	输出信号属性	数字信号（比特流）
常用参数说明	Codeword length N	码字长度		
	Message length K	信息位长度，输入向量的长度		
	Specify generator polynomial	选定后出现“Generator polynomial”项，代表初始多项式的二进制系数的行向量		

4) 卷积码译码模块的设计

卷积码有多种译码方式，其中维特比译码就是一种被广泛应用的译码方式。维特比译码算法是一种最大似然译码算法。在译码约束度较小时，它比序列译码有较快的译码

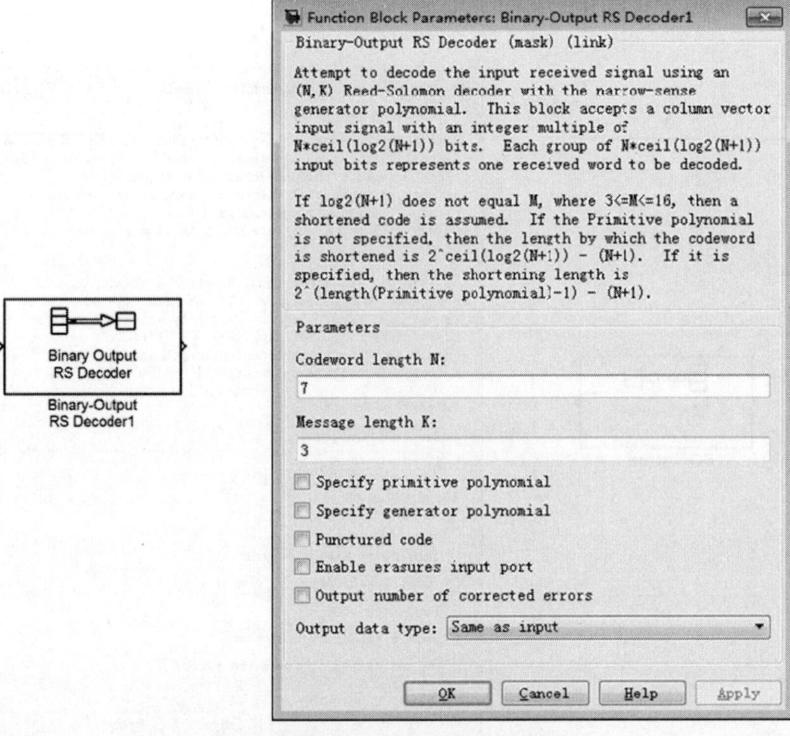

图 3-25　RS 码译码模块及参数设置界面

速度，且译码器也较为简单。因而该算法提出来以后，无论在理论上还是在实际应用上都得到极其迅速的发展。维特比译码算法的目标是在网格图所有合法连续路径中寻找使似然概率最大的一条作为译码输出。该模块的参数说明如表 3-16 所示。

表 3-16　卷积码译码模块参数说明

模块名称	Convolutional Decoder			
功能描述	从卷积编码器的输出信号中恢复出原始的信息			
I/O 接口	输入接口	1	输出接口	1
	输入信号属性	数字信号（比特流）	输出信号属性	数字信号（比特流）
常用参数说明	Trellis structure	编码器网格结构		
	Operation mode	操作模式，包含 Continuous、Terminated、Truncated 和 Reset on nonzero input via port		
	Traceback depth	回溯路径分支数		
	Decision type	判决类型		

卷积译码是编码的逆过程，在维特比（Viterbi）译码器的参数设置中，判决类型有 3 种 Unquantized（非量化）、Hard Decision（硬判决）和 Soft Decision（软判决），如表 3-17 所示。

表 3-17　维特比译码器的判决类型

判决类型	解码器的输出类型	说　明
Unquantized	实数	+1 表示逻辑 0；−1 表示逻辑 1
Hard Decision	0，1	0 表示逻辑 0；1 表示逻辑 1
Soft Decision	介于 0 和 2^b-1 之间的整数，其中 b 是软判决位的个数	0 表示具有取值 0 的最大概率；2^b-1 表示具有取值为 1 的最大概率；介于两者之间的数表示取 0 和 1 的相对概率

图 3-26 为维特比译码模块及其参数设置界面

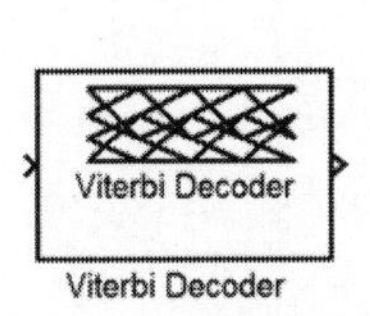

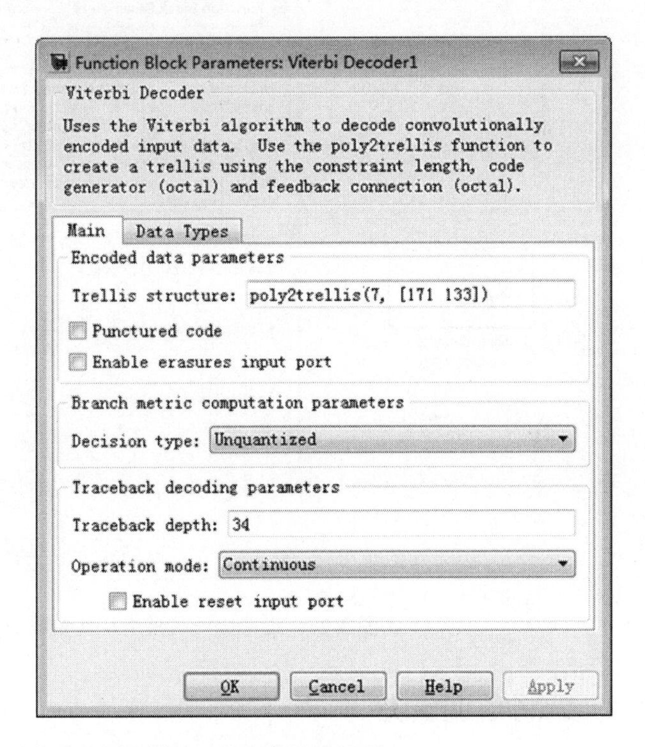

图 3-26　维特比译码模块及其参数设置界面

设置维特比译码模块参数时还应注意：

(1) 卷积编码器和卷积译码器的网格结构应是一致的。

(2) 积解码器的 Traceback depth（回溯长度）设置应为约束长度的 5~8 倍以上，这样效果好。

5) 卷积解交织模块的设计

卷积解交织模块是卷积交织模块的逆过程，模块的参数设置与卷积交织模块相同，表3-18列出了模块相关说明。

表 3-18 卷积交织模块参数说明

模块名称	Convolutional Deinterleaver			
功能描述	改变输入信号的排列顺序，还原信息比特间相关性			
I/O 接口	输入接口	1	输出接口	1
	输入信号属性	数字信号（比特流）	输出信号属性	数字信号（比特流）
常用参数说明	Rows of shift registers	移位寄存器的数量		
	Register length step	决定寄存器输出延时，第 K 位寄存器的输出延时等于该值的 K-1 倍		
	Initial condition	初始状态		

模块及其参数设定框如图3-27所示。

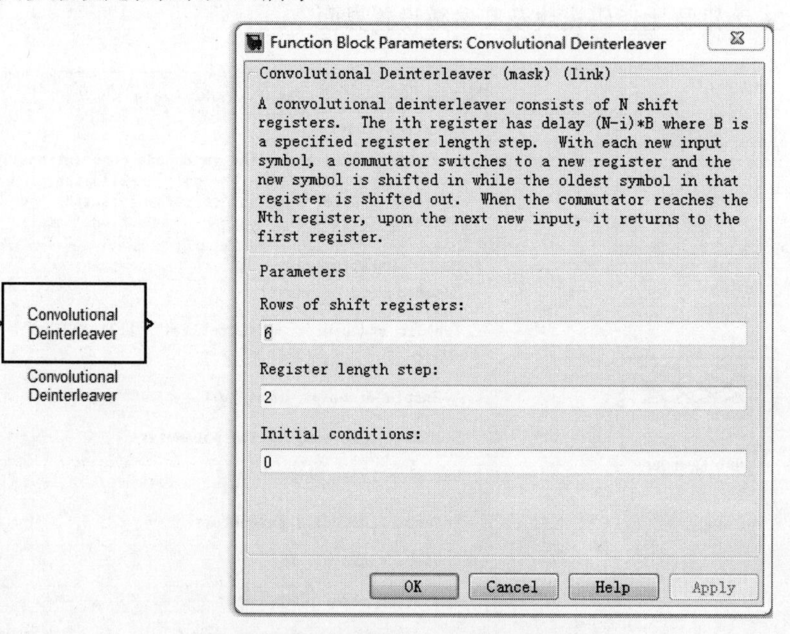

图 3-27 维特比译码模块及其参数设置界面

3.1.4 调制/解调模块

1. 调制模块

本节主要对常用的 FSK、PSK、QAM 三种调制方式的仿真模块进行介绍，数字调制模块的组成如图 3-28 所示。

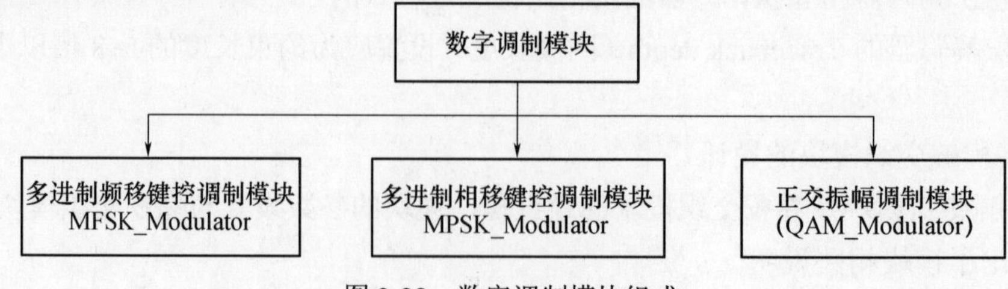

图 3-28 数字调制模块组成

1) 多进制频移键控调制模块的设计

多进制频移键控(MFSK)是无线通信中广泛采用的一种调制方式，因此对数字通信信号的重要子类MFSK信号的自动分类有一定的应用价值。它是2FSK体制的简单推广。例如在四进制频移键控（4FSK）中采用4个不同的频率分别表示四进制的码元，即每个码元含有2bit的信息。MFSK信号的产生方法主要有两种。一种可以采用模拟调频电路来实现；另一种可以采用键控法来实现，即在进制基带矩形脉冲序列的控制下通过开头电路对4个不同的独立频率源进行选通，使其在每个码元T_s期间输出4个载频中的一个。FSK模块的参数设置说明如表3-19所示。

表 3-19　多进制频移键控调制模块参数说明

模块名称	M-FSK Modulator Baseband			
功能描述	对信号进行调制，使信号适应信道的要求，提高抗干扰的能力			
I/O 接口	输入接口	1	输出接口	1
	输入信号属性	数字信号	输出信号属性	离散信号（模拟信号）
常用参数说明	M-ary number	调制进制数		
	Symbol set ordering	符号编码类型，二进制编码或格雷码		
	Frequency separation	频率间隔，已调信号中相邻频率之间的间隔		
	Phase continuity	相位连续选项		
	Samples per symbol	每符号采样点数		

特别注意对Samples per symbol参数设置需满足奈奎斯特采样定律。由于模块对调制后的信号进行了重采样，模块输出信号的采样频率R_o为经调制后输出信号的符号速率R_s与每符号采样点数N的乘积，即$R_o=NR_s$。由于多进制频移键控解调模块（M-FSK Demodulator Baseband）采用非相干解调，所以调制信号输出的带宽为$B=MR_s$（M为调制进制数）。根据奈奎斯特采样定律得$R_o \geqslant 2B$，即每符号采样点数参数的设置应满足$N \geqslant 2M$。

图3-29为多进制频移键控调制模块及其参数设置界面。

2) 多进制数字相位调制模块的设计

多进制数字相位调制(MPSK)也称多元调相或多相制,它利用具有多个相位状态的正弦波来代表多组二进制信息码元，即用载波的一个相位对应于一组二进制信息码元。如果载波有2k个相位，它可以代表k位二进制码元的不同码组。多进制相移键控也分为多进制绝对相移键控和多进制相对（差分）相移键控。在MPSK中，最常用的是四相相移键控，即QPSK（Quadrature Phase Shift Keying），在卫星信道中传送数字电视信号时采用的就是QPSK调制方式。它可以看成是由两个2PSK调制器构成的。输入的串行二进制信息序列经串并转换后分成两路速率减半的序列，由电平转换器分别产生双极性二电平信号I（t）和Q（t），然后对载波$A\cos 2\pi f_c t$和$A\sin 2\pi f_c t$进行调制，相加后即可得到QPSK信号。模块的说明如表3-20所示。

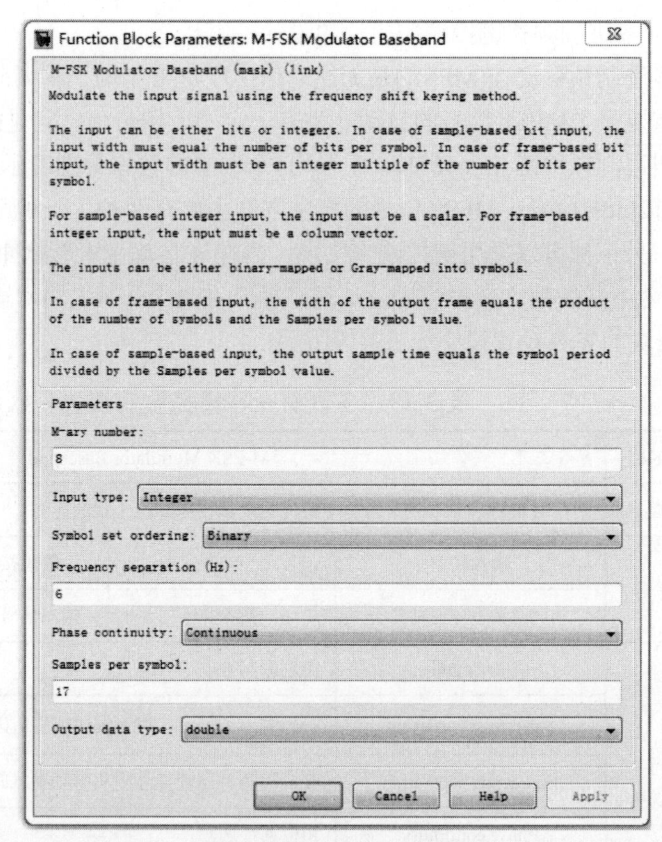

图 3-29　多进制频移键控调制模块及参数设置界面

表 3-20　多进制相位键控调制模块参数说明

模块名称	M-PSK Modulator Baseband			
功能描述	用载波的相位表示信息位，使信号适应信道的要求，提高抗干扰的能力			
I/O 接口	输入接口	1	输出接口	1
	输入信号属性	数字信号	输出信号属性	离散信号（模拟信号）
常用参数说明	M-ary number	调制进制数		
	Phase offset(rad)	初始相位偏移		
	Constellation ordering	符号编码类型，二进制编码或格雷码		

图 3-30 为多进制相位键控调制模块及其参数设置界面。

3) 正交振幅调制模块的设计

Simulink提供了两种类型的正交调制模块：General QAM和Rectangular QAM。General QAM只对相位进行调制，而通常说的QAM调制所对应的模块为Rectangular QAM。Rectangular QAM模块的参数说明如表3-21所示。

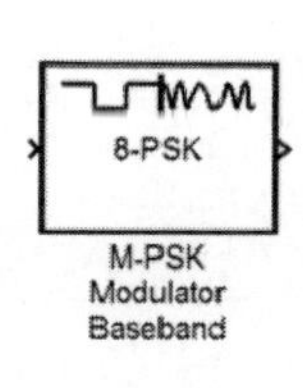

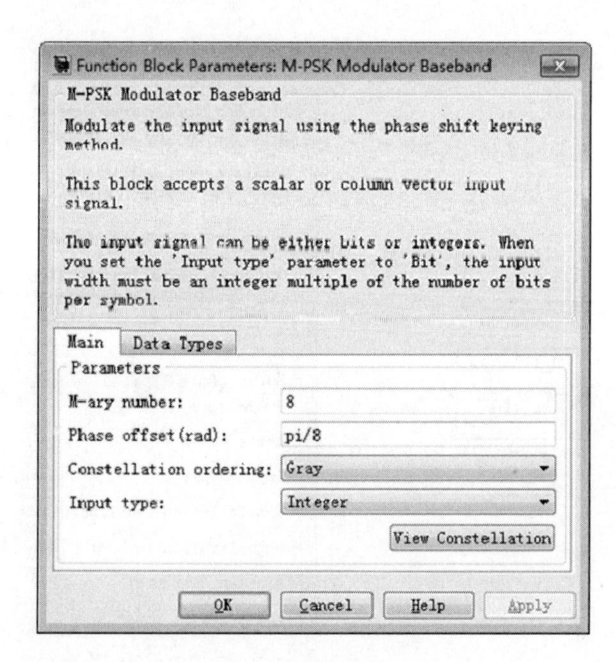

图 3-30　多进制相位键控调制模块及其参数设置界面

表 3-21　正交振幅调制模块参数说明

模块名称	Rectangular QAM Modulator Baseband			
功能描述	用相位和幅度表示信息位，使信号适应信道的要求			
I/O 接口	输入接口	1	输出接口	1
	输入信号属性	数字信号	输出信号属性	离散信号（模拟信号）
常用参数说明	M-ary number	调制进制数		
	Constellation ordering	符号编码类型，二进制编码或格雷码		
	Normalization method	归一化方式		
	Phase offset(rad)	初始相位偏移		

归一化方式有三种模式：符号间最小距离、平均功率、最大功率。当选择符号间最小距离模式时，出现Minimum distance选项进行设置；当选择平均功率模式时，出现Average Power选项进行设置；当选择最大功率模式时，出现Peak Power选项进行设置。

图3-31为正交振幅调制模块及其参数设置界面。

2. 解调模块

数字解调模块库与数字调制模块库的组成相对应，由MFSK、MPSK、QAM三种调制方式的解调模块组成。具体如图3-32所示。

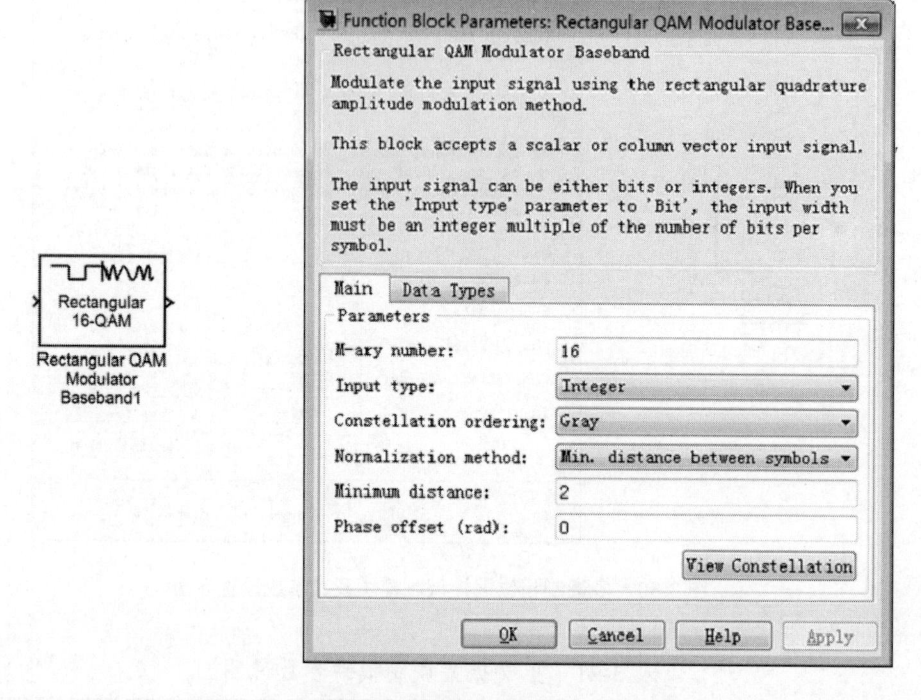

图 3-31　正交振幅调制模块及其参数设置界面

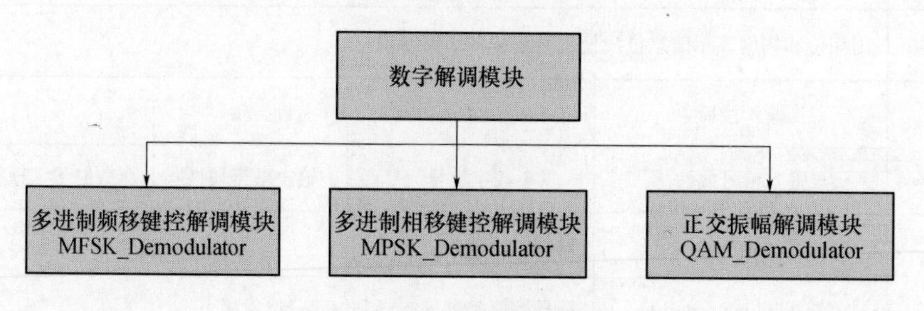

图 3-32　数字解调模块组成

1) MFSK解调模块的设计

多进制频移键控解调是多进制频移键控调制的逆过程。有两种解调方式可供选择，即相干解调或非相干解调。在实际应用中，采用相干解调的方式，其解调部分由M个带通滤波器、包络检波器及一个抽样判决器、逻辑电路组成。各带通滤波器的中心频率分别对应发送端各个载频。因而，当某一已调载频信号到来时，在任一码元持续时间内，只有与发送端频率相应的一个带通滤波器能收到信号，其他带通滤波器只有噪声通过。抽样判决器的任务是比较所有包络检波器输出的电压，并选出最大者作为输出，这个输出是一位与发端载频相应的进制数。逻辑电路把这个进制数译为二进制并行码，并进一步做并/串变换恢复二进制信息输出，从而完成数字信号的传输。模块的参数说明如表3-22所示。

表 3-22　多进制频移键控解调模块参数说明

模块名称	M-FSK Demodulator Baseband			
功能描述	对信号进行调制，使信号适应信道的要求，提高抗干扰的能力			
I/O 接口	输入接口	1	输出接口	1
	输入信号属性	数字信号	输出信号属性	离散信号（模拟信号）
常用 参数说明	M-ary number	调制进制数		
	Symbol set ordering	符号编码类型，二进制编码或格雷码		
	Frequency separation	频率间隔，已调信号中相邻频率之间的间隔		
	Phase continuity	相位连续选项		
	Samples per symbol	每符号采样点数		

图3-33为多进制频移键控解调及其参数设置界面。

8-FSK

M-FSK
Demodulator
Baseband

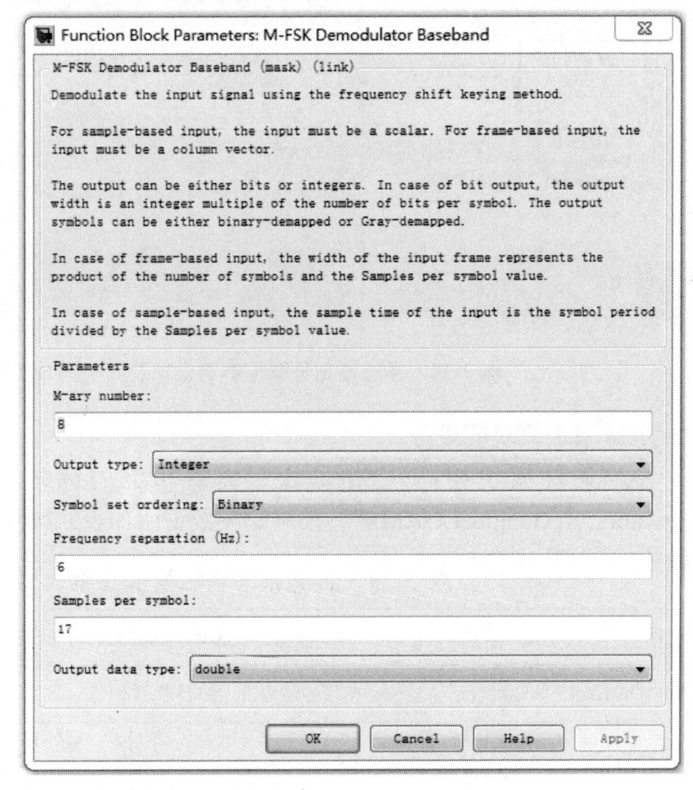

图 3-33　多进制频移键控解调模块及其参数设置界面

2) MPSK解调模块的设计

多进制相移键控解调是多进制相移键控调制的逆过程。在实际的实现过程中一般采用相干解调的方式进行解调。模块的参数说明如表3-23所示。

表 3-23 多进制相位键控解调模块参数说明

模块名称	M-PSK Demodulator Baseband			
功能描述	对多进制相移键控调制后的信号进行解调，还原成调制前的信号			
I/O 接口	输入接口	1	输出接口	1
	输入信号属性	数字信号	输出信号属性	离散信号（模拟信号）
常用参数说明	M-ary number	调制进制数		
	Phase offset(rad)	初始相位偏移		
	Constellation ordering	符号编码类型，二进制编码或格雷码		

图3-34为多进制相位键控解调模块及其参数设置界面。

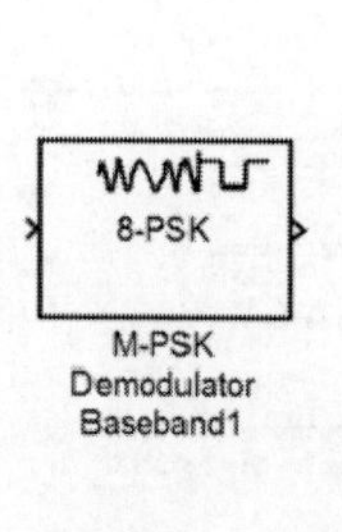

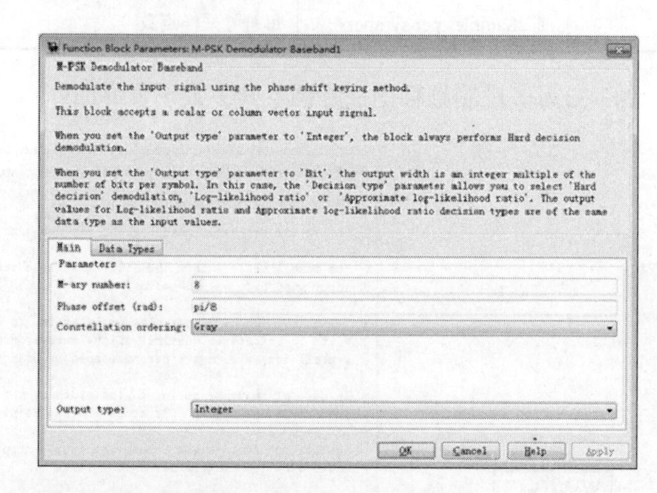

图 3-34 多进制相位键控解调模块及其参数设置界面

3) QAM 解调模块的设计

与QAM调制模块相同，Simulink所提供相应的解调模块为Rectangular QAM Demodulator。Rectangular QAM解调模块的参数说明如表3-24所示。

表 3-24 正交振幅调制模块参数说明

模块名称	Rectangular QAM Demodulator Baseband			
功能描述	用相位和幅度表示信息位，使信号适应信道的要求			
I/O 接口	输入接口	1	输出接口	1
	输入信号属性	数字信号	输出信号属性	离散信号（模拟信号）
常用参数说明	M-ary number	调制进制数		
	Constellation ordering	符号编码类型，二进制编码或格雷码		
	Normalization method	归一化方式		
	Phase offset(rad)	初始相位偏移		

图3-35为正交振幅解调模块及其参数设置界面。

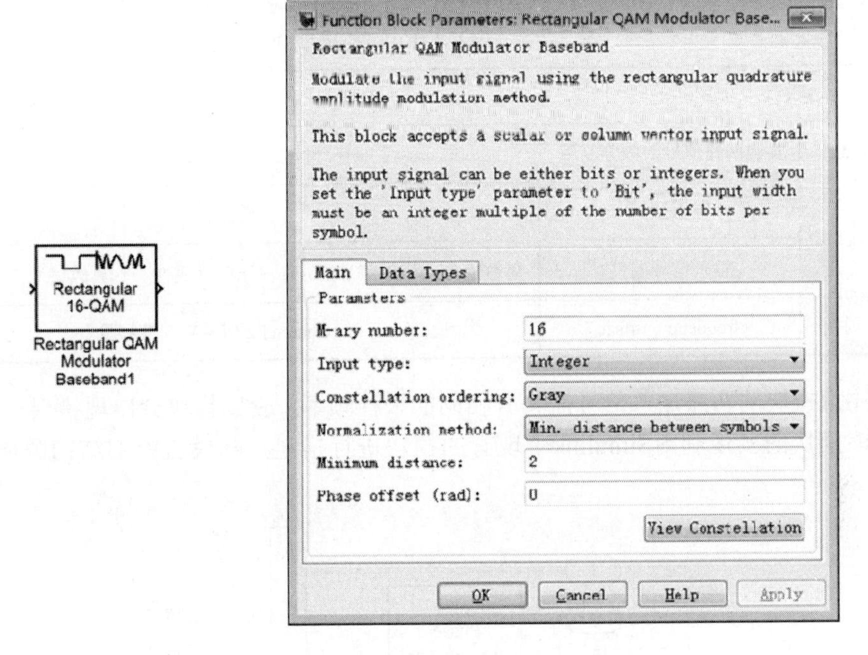

图 3-35　正交振幅解调模块及其参数设置界面

3.1.5　多路复用/分接模块

1. 多路复用

根据信号在频域、时域波形以及空域的特征，多路复用技术基本可分为频分复用（FDM）、时分复用（TDM）、码分复用（CDM）、空分复用（SDM）。在实际中也常用这些多址方式的组合。模块库中列出的模块为多址接入技术中常用的多址接入方式，提供在通信系统仿真过程中，实现多用户通信的需要。多址接入模块库的组成如图3-36所示。由于码分复用和空分复用较易于实现，码分复用实现主要依靠PN Sequence Generator与相应的离散信号模二加后进行合路，所以在本节中主要介绍FDM和TDM的实现。

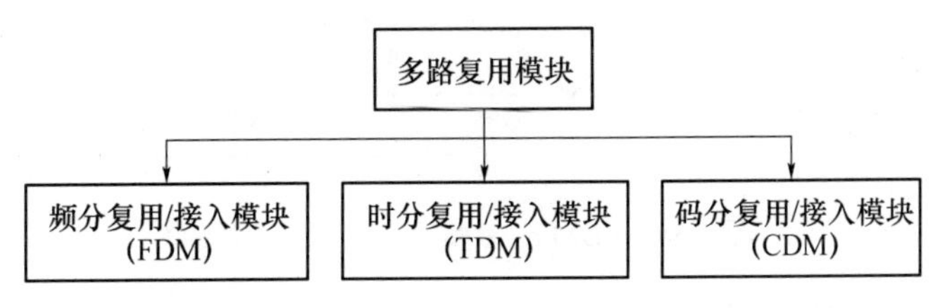

图 3-36　多址接入模块的组成

1) 频分复用模块的设计

FDM是数据通信中的一种技术，即多路信号在时隙相同而频率不同的信道上。利用这种技术可以提高通信系统在频带的频谱利用率，频分复用使通道容量可根据要求动态地进行交换。在模块的实现过程中，通过把其中一路信号的频率进行偏移，来实现多路复用。下面以两用户的FDM mux模块进行说明，具体参数说明如表3-25所示。

表 3-25　FDM mux 模块参数说明

模块名称	FDM mux			
功能描述	实现两路信号的频分复用			
I/O 接口	输入接口	2	输出接口	1
	输入信号属性	离散信号（模拟信号）	输出信号属性	离散信号（模拟信号）
参数说明	frequency_offset	Channel 2 信号频率偏移量		

注意模块的两路输入信号需具有相同的采样频率，否则模块会出现错误。

该模块的实现利用Simulink中现有的模块进行搭建，其模块内部结构图如图3-37所示。

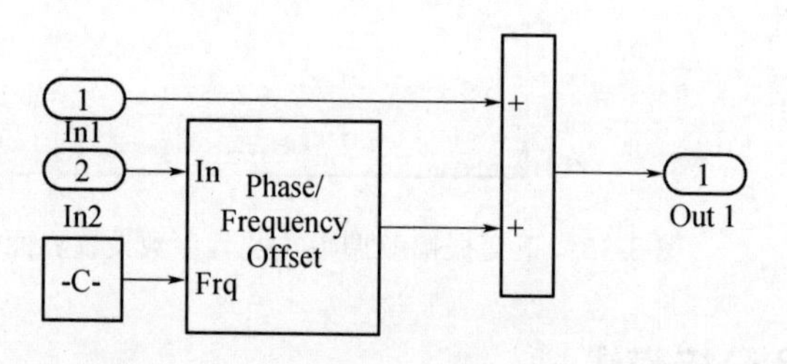

图 3-37　FDM mux 模块内部结构

图3-38为FDM mux模块及参数设置界面。

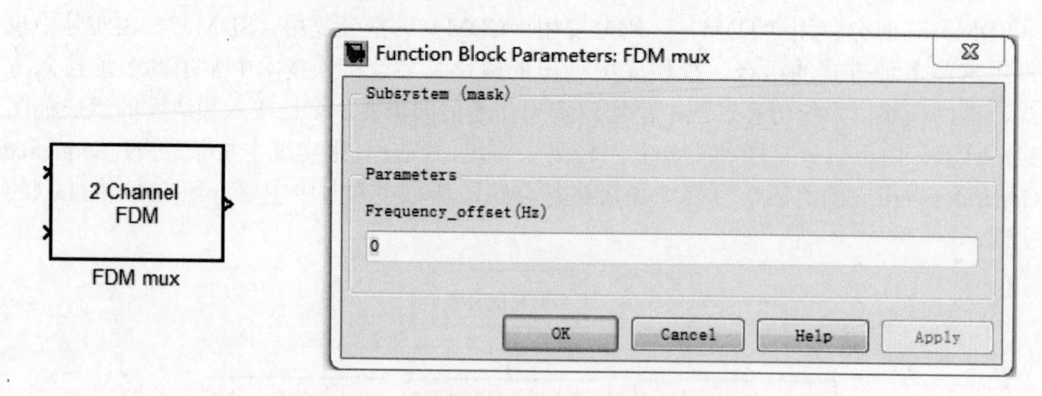

图 3-38　FDM mux 模块及参数设置界面

2) 时分多址模块的设计与实现

TDM mux 模块是将两路独立传输的信号通过时分复用的方式，将其合成一路进行传输，合路时要求合路前各个分路上传输速率相同，合路后输出信号的传输速率为合路前的 N 倍（N 为合路的总数量）。模块具体参数说明如表 3-26 所示。

表 3-26　TDM mux 模块参数说明

<table>
<tr><td>模块名称</td><td colspan="4">TDM mux</td></tr>
<tr><td>功能描述</td><td colspan="4">实现两路信号的时分复用</td></tr>
<tr><td rowspan="2">I/O 接口</td><td>输入接口</td><td>2</td><td>输出接口</td><td>1</td></tr>
<tr><td>输入信号属性</td><td>离散信号（模拟信号）</td><td>输出信号属性</td><td>离散信号（模拟信号）</td></tr>
<tr><td>参数说明</td><td>TDM Sample Period</td><td colspan="3">时分复用采样周期，该值等于输入信号的传输周期或输出信号采样周期的 2 倍</td></tr>
</table>

图 3-39 为 TDM mux 模块内部结构，其主要由三个基本模块构成，Pulse Generator 设置为采样模式，由 Counter 模块产生控制信号，控制 Multiport Switch 模块实现两路信号的时分复用。在进行子系统搭建时，要注意各个模块参数的设置，例如 Pulse Generator 中脉冲周期的设置、Multiport Switch 中的采样时间。这里以两路 TDM 为例来介绍相关模块的参数设置，参数设置如表 3-27 所示。

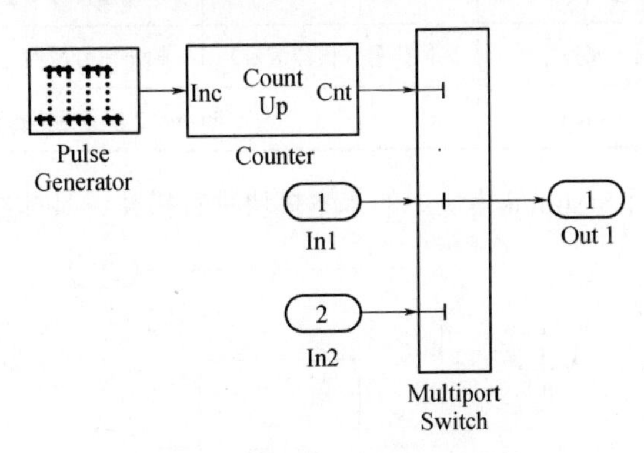

图 3-39　TDM mux 模块内部结构

表 3-27　TDM 子系统相关模块参数设置说明

<table>
<tr><td>模块名称</td><td>参数名称</td><td>参数说明</td></tr>
<tr><td rowspan="3">脉冲信号发生器
(Pulse Generator)</td><td>Period</td><td>该参数表示每脉冲周期采样点数（数字脉冲模式）</td></tr>
<tr><td>Pulse width</td><td>脉冲采样点数（数字脉冲模式）</td></tr>
<tr><td>Sample time</td><td>采样时间</td></tr>
<tr><td>多端口转换器
(Multiport Switch)</td><td>Sample time</td><td>采样时间，此参数应设置为 Pulse Generator 模块中 Period 和 Sample time 两参数的乘积</td></tr>
</table>

图 3-40 为 TDM mux 模块及参数设置界面。

2. 多路分接

1) 频分复用接收模块的设计与实现

两路频分复用的接收模块是将产生的合路信号通过频率搬移恢复成两路独立的接收信号。FDM demux模块的参数说明如表3-28所示。

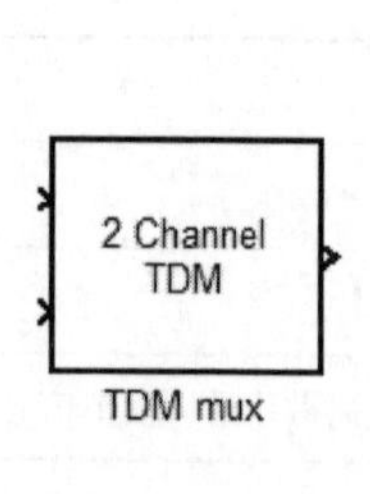

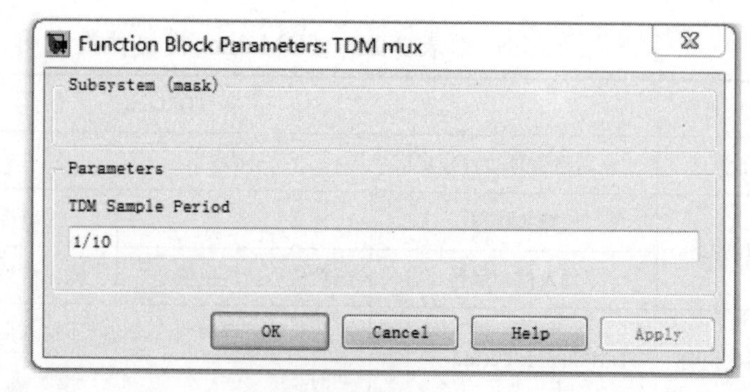

图 3-40　TDM mux 模块及参数设置界面

表 3-28　FDM demux 模块参数说明

模块名称	FDM demux			
功能描述	实现两路信号的多路分接			
I/O 接口	输入接口	1	输出接口	2
	输入信号属性	离散信号（模拟信号）	输出信号属性	离散信号（模拟信号）
参数说明	frequency_offset	Channel 2 信号频率搬移量		

该模块的实现利用Simulink模块中的基本模块进行搭建，具体结构如图3-40所示。

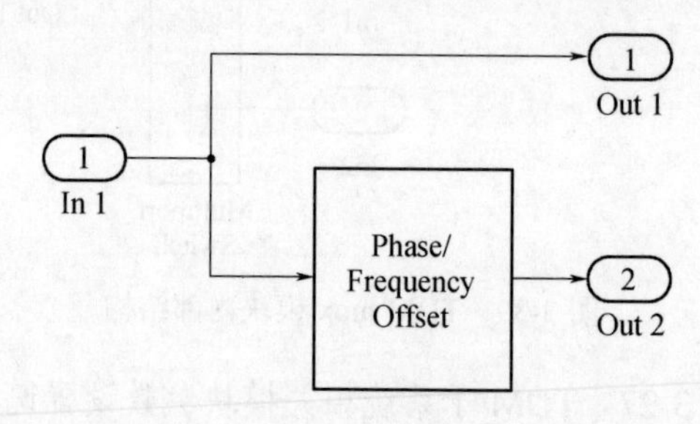

图 3-41　FDM demux 模块内部结构

图 3-42 为 FDM demux 模块及参数设置界面。

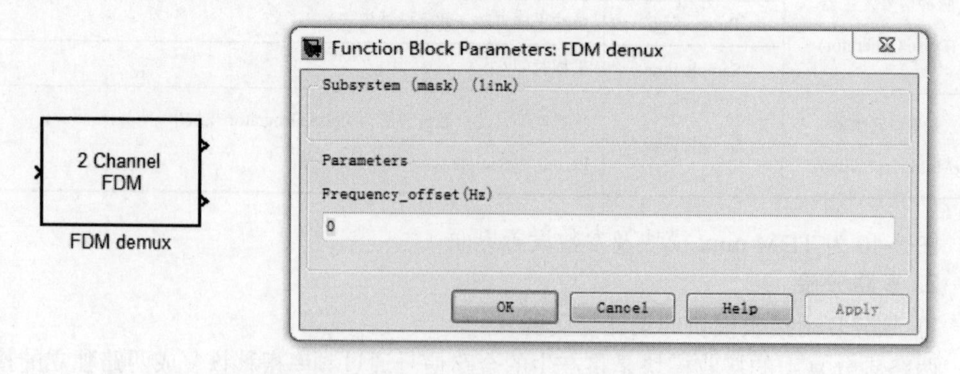

图 3-42　FDM demux 模块及参数设置界面

2) 时分复用接收模块的设计与实现

TDM demux 模块实现对采用时分复用技术的信号进行分接还原，将时分复用后的信号还原为原始的两分路信号。具体参数如表 3-29 所示。

表 3-29　TDM demux 模块参数说明

模块名称	TDM demux			
功能描述	实现两路信号的时分复用			
I/O 接口	输入接口	2	输出接口	1
	输入信号属性	离散信号（模拟信号）	输出信号属性	离散信号（模拟信号）
参数说明	TDM Sample Period	时分复用采样周期		

图 3-43 为 TDM demux 模块内部结构，其主要由三个基本模块构成，Pulse Generator 设置为采样模式，由 Counter 模块产生控制信号，控制条件子系统模块实现对合路信号的分接还原。

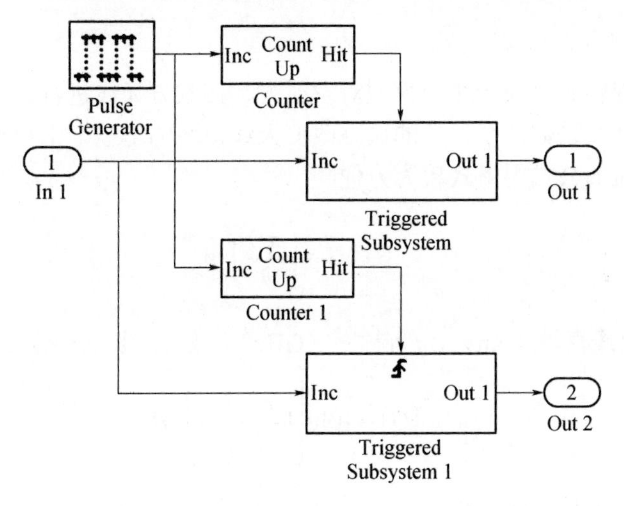

图 3-43　TDM demux 模块内部结构

图3-44为TDM demux模块及参数设置界面。

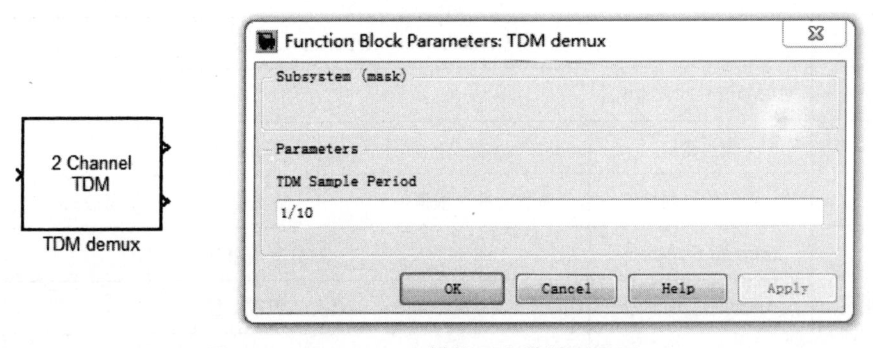

图 3-44　TDM demux 模块及参数设置界面

注意，由于输入信号的采样率是输出信号采样率的2倍，所以要对两路输出信号进行重采样后，再进行后续的处理。

3.1.6 射频模块

射频模块库主要针对接收方和发送方的射频信号处理过程进行仿真。射频模块库整体设计如图3-45所示，它包含天线模块、接收系统噪声温度、低噪声放大器、高功率放大器。通过对各个模块的仿真，产生接近实际的射频信号，模块的设计贴近实际装备。

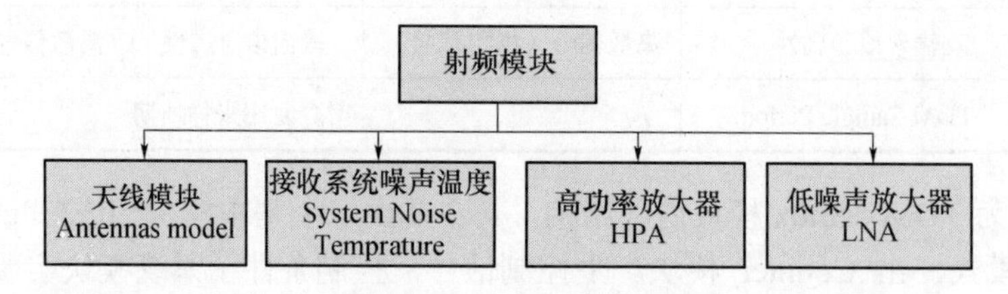

图 3-45 射频模块的组成

1. 天线模块

天线模块以旋转抛物面天线为模型对发射方、接收方天线进行建模，通过对传输频率、天线口径、增益系数三个参数的调整改变天线模块的增益，卫星通信中多使用抛物面天线，天线增益的公式用下式较为方便。

$$G = \left(\frac{\pi D}{\lambda}\right)^2 \eta \tag{3-2}$$

式中，D为天线直径（cm），f为频率（GHz），λ为波长（cm），G用分贝表示为

$$[G] = 10\lg\left[\left(\frac{\pi D}{\lambda}\right)^2 \eta\right] \mathrm{d}B_i \tag{3-3}$$

图 3-46 为 Praraboloidal Reflector Antennas 模块内部结构图。参数说明如表 3-30 所示。

表 3-30 Praraboloidal Reflector Antennas 模块参数说明

模块名称	Praraboloidal Reflector Antennas			
功能描述	对射频信号放大输出			
I/O 接口	输入接口	2	输出接口	1
	输入信号属性	离散信号（模拟信号）	输出信号属性	离散信号（模拟信号）
参数说明	Transmit Frequency	时分复用采样周期		
	Antennas Diameter	天线直径		
	Gain factor	增益系数		

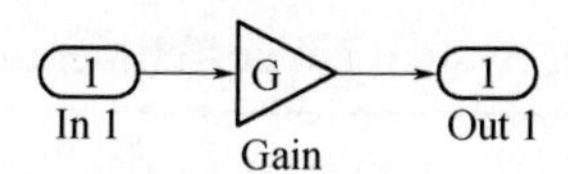

图 3-46　Praraboloidal Reflector Antennas 模块内部结构

图 3-47 为 Praraboloidal Reflector Antennas 模块及参数设置界面。

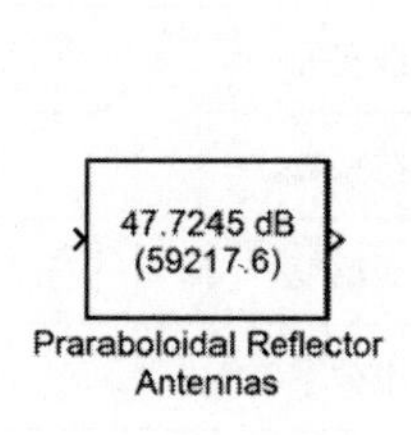

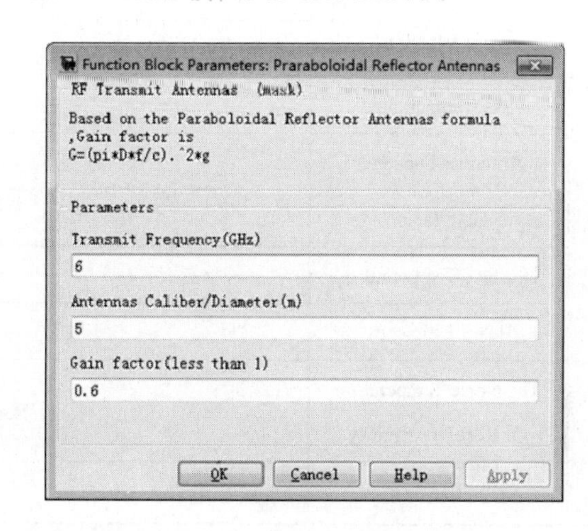

图 3-47　Praraboloidal Reflector Antennas 模块及参数设置界面

2. 接收系统噪声温度

接收系统噪声温度是对接收机和天线产生的噪声进行仿真。通常，接收系统由天线、接收机以及连接它们的传输线所组成。系统温度取决于天空的噪声温度、地面和天线的环境、天线波瓣图、天线热效率、接收机的噪声温度以及介于天线与接收机之间的传输线（或波导）的效率等。

模块对系统噪声温度的仿真分为两部分：接收机噪声温度与天线噪声温度。总的天线温度由积分形式表示为

$$T_{\mathrm{A}}=\frac{1}{\Omega_{\mathrm{A}}}\int_{0}^{\pi}\int_{0}^{2\pi}T_{\mathrm{s}}(\theta,\phi)P_{\mathrm{n}}(\theta,\phi)\mathrm{d}\Omega\quad(\mathrm{K})\tag{3-4}$$

$$\Omega_{\mathrm{A}}=\iint_{4\pi}P_{\mathrm{n}}(\theta,\phi)\mathrm{d}\Omega\quad(\mathrm{sr})\tag{3-5}$$

式中，T_{A}——总天线温度，K；

$T_{\mathrm{s}}(\theta,\phi)$——源的亮温度或源作为角度的函数，K；

$P_{\mathrm{n}}(\theta,\phi)$——归一化的天线波瓣图，无量纲；

Ω_{A}——天线的波束立体角，可由式(3-5)得到，sr；

$\mathrm{d}\Omega=\sin\theta d\theta\mathrm{d}\phi$——立体角的微分单元，sr。

注意，式（3-4）中的T_{A}是总的天线温度，不仅包括了主瓣内特定源的贡献，而且还包括沿所有方向正比波瓣图响应的辐射源的贡献。这里所有温度都是指绝对温度（单位K为摄氏度+273）。该模块参数说明如表3-31所示。

表 3-31　Receiver System Noise Temperature 模块参数说明

模块名称	Receiver System Noise Temperature			
功能描述	改变接收系统的接收性能			
I/O 接口	输入接口	2	输出接口	1
	输入信号属性	离散信号（模拟信号）	输出信号属性	离散信号（模拟信号）
参数说明	Sky Temperature	天空温度		
	Antennas Diameter	天线直径		
	Gain factor	增益系数		
	Surface Temperature	地面温度		
	Beam Efficiency	波束效率		
	The Noise Temperature Of Receiver Facility	接收机噪声温度		
	Initial seed	初始化种子		

Receiver System Noise Temperature模块利用Receiver Thermal Noise模块进行封装，模块的内部结构如图3-48所示。

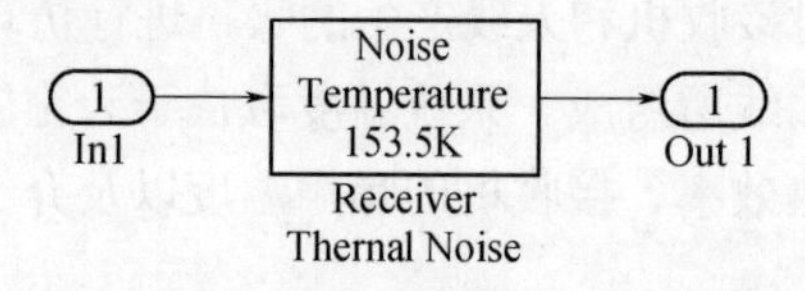

图 3-48　Receiver System Noise Temperature 模块内部结构

Receiver System Noise Temperature 模块及参数设置界面如图 3-49 所示。

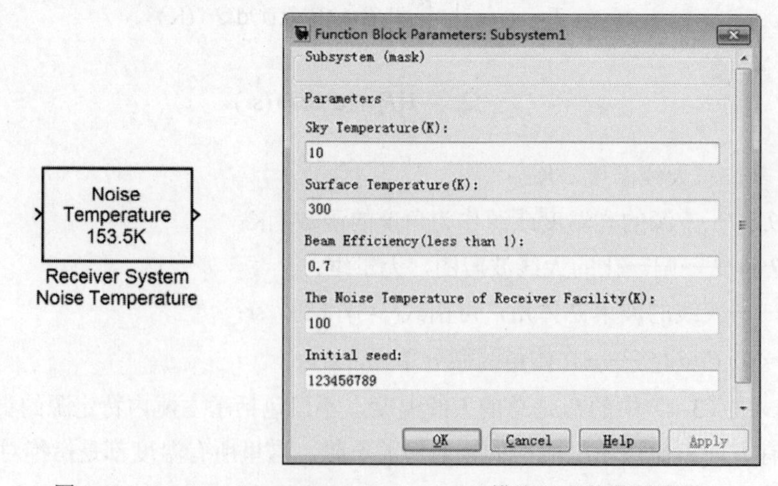

图 3-49　Receiver System Noise Temperature 模块及参数设置界面

3. 高功率放大器模块

当无记忆非线性模块的模式设置为 Saleh model 时，TWTA 可以作为高功率放大器(HPA)来使用。无记忆非线性模块的参数设置如表 3-32 所示。

表 3-32　Memoryless Nonlinearity 模块参数说明

模块名称	Memoryless Nonlinearity			
功能描述	增加射频信号的输出功率并对高功率放大器的非线性进行仿真			
I/O 接口	输入接口	1	输出接口	1
	输入信号属性	离散信号（模拟信号）	输出信号属性	离散信号（模拟信号）
参数说明	Input scaling（dB）	输入信号缩放比例		
	Output scaling（dB）	输出信号缩放比例		
	AM/AM parameters	AM/AM 转换参数		
	AM/PM parameters	AM/PM 转换参数		

图 3-50 为 Memoryless Nonlinearity 模块及参数设置界面。

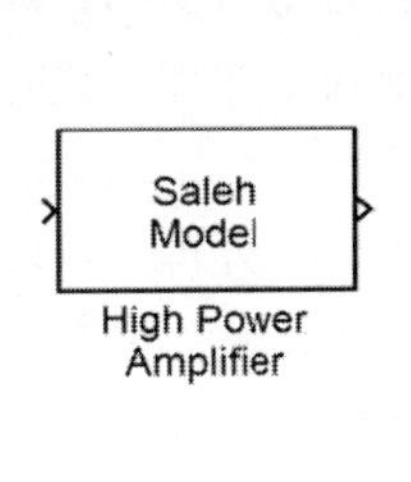

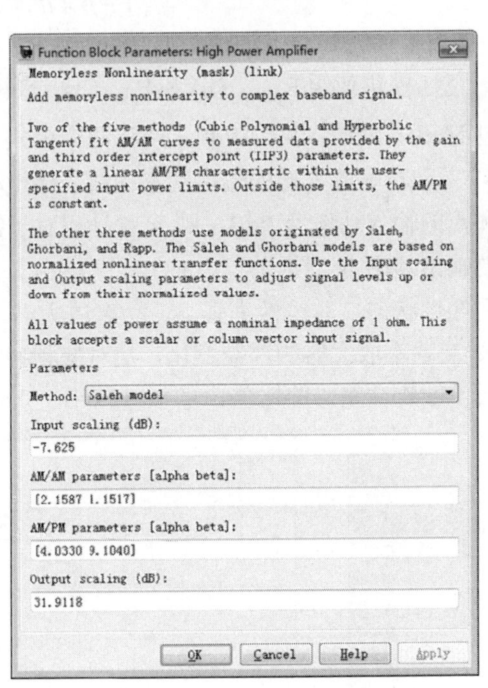

图 3-50　Memoryless Nonlinearity 模块及参数设置界面

1) Input scaling(dB)（输入信号缩放比例）

当放大器工作在饱和点时放大功率达到最大，但是此时非线性失真也达到最大。既要功率放大很大，又要非线性失真达到最小，那么就应该把工作点设在饱和区附近的线性区域。一般工作点的相对饱和输入功率在-12dB 左右。Input scaling 的设置就要根据输

入信号的功率(dB)和工作点相对饱和点的输入功率(dB)来设定，即

$$\text{工作点相对饱和点的输入功率(dB)=输入信号的功率(dB)+Input scaling(dB)} \tag{3-6}$$

2) Output scaling(dB)(输出信号缩放比例)

输出信号缩放参数设置可以直接影响到信号输出的功率大小。模块输出的功率如下：

$$\text{模块输出端的功率(dB)=工作点相对饱和点的输入功率(dB)+Output scaling(dB)} \tag{3-7}$$

3) AM/AM parameters[alpha beta]（AM/AM 转换参数）

它是一个具有两个元素的向量，分别对应如下公式中的 α 和 β：

$$F_{AM/AM}(\mu)=\frac{\alpha\times\mu}{1+\beta\times\mu^2} \tag{3-8}$$

式中，α 的值为 2.1587，β 的值为 1.1517。

4) AM/PM parameters[alpha beta]（AM/PM 转换参数）

同 AM/PM 的参数一致，也是具有两个元素的向量，分别对应如下公式中的 α、β：

$$F_{AM/PM}(\mu)=\frac{\alpha\times\mu^2}{1+\beta\times\mu^2} \tag{3-9}$$

式中，α 的值为 4.0330，β 的值为 9.1040。

非线性无记忆模块使用 $F_{AM/AM}(\mu)$ 和 $F_{AM/PM}(\mu)$ 来模拟高功率放大器的幅频特性和相频特性。通过 Matlab 画图，我们得到了用这两个公式得出的幅频特性、增益变化和相频特性。图 3-51 是高功率放大器的输出功率曲线，横坐标即式（3-8）中的 μ，从图中可以看到，将饱和点的输入功率为 0dB，则 μ 就是相对于饱和点的输出功率。纵坐标就是相对于饱和点的输出功率点。图中点（−12.04，−5.961）是设置的工作点。此时高功率放大器主要工作在线性状态，非线性失真小，功率放大高。

图 3-52 是高功率放大器的增益变化，是对幅频特性的进一步处理。可以直观地看出输出功率相对于输入功率的的比值。点（−12.04，−0.6027）是工作点的增益变化。

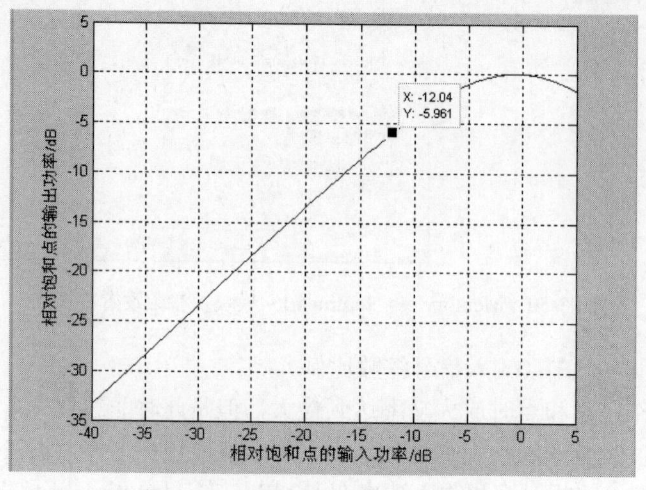

图 3-51　高功率放大器的幅频特性

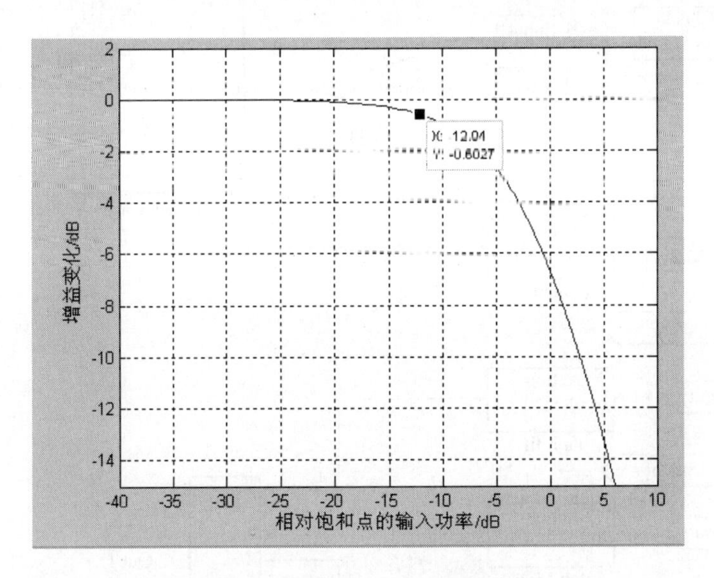

图 3-52　高功率放大器的增益变化

图 3-53 是高功率放大器的输出相位曲线。横坐标是式（3-9）中的 μ,纵坐标是相对相移。不难看出，相对相移的幅度非常小。工作点是只有 0.15°。

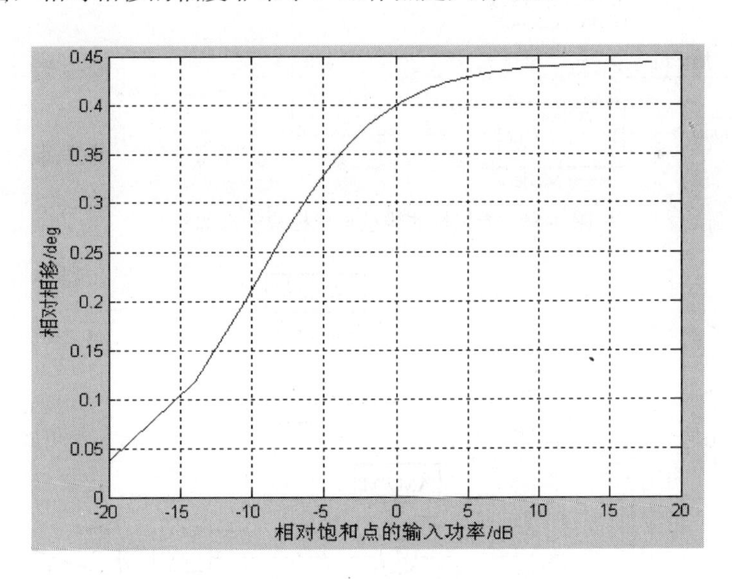

图 3-53　高功率放大器的相频特性

图 3-54 所示是无记忆非线性模块的内部结构。图 3-55 是 saleh model 的内部结构。

在 Saleh 模块中，输入信号乘上一个增益之后被分为幅度和相位两部分。这两个部分通过不同的处理过程之后重新组合在一起，并且在乘以另外一个增益之后形成输出信号。幅度分量由 AM/AM 模块进行处理，同时幅度分量还要经过 AM/PM 模块产生一个信号，这个信号与相位分量相加之后就得到处理之后的相位分量。这里不同处理模式对应不同的 AM/AM 模块和 AM/PM 模块，它们产生不同的输出信号。

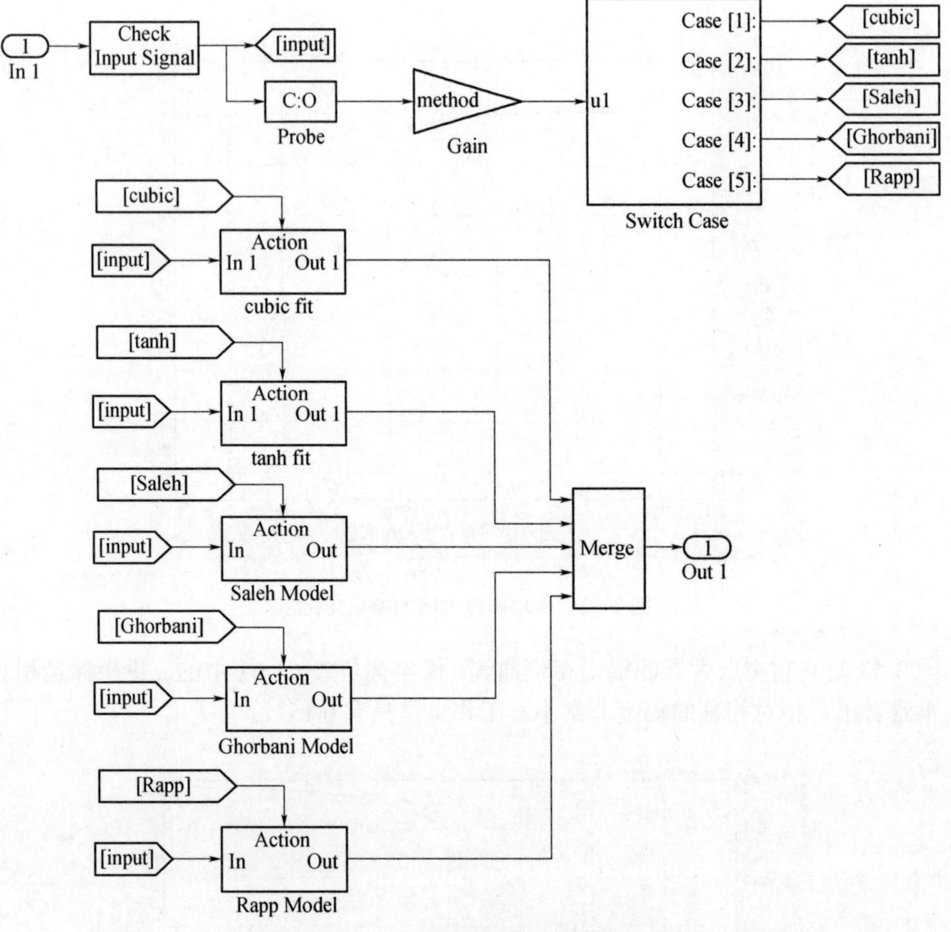

图 3-54 无记忆非线性记忆模块的内部模块

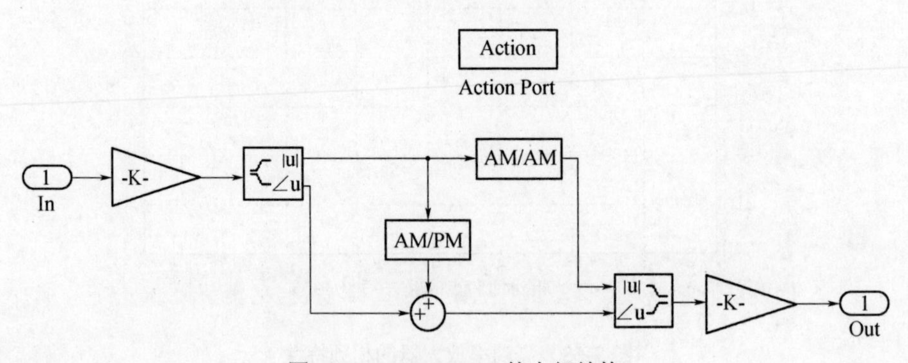

图 3-55 saleh model 的内部结构

4. 低噪声放大器

低噪声放大器模块存在于 RF Blockset->Mathermatical 模块库中，选择 Amplifier 模块在 Linear 工作在模式下。由于低噪声放大器为线性放大器，故将 Amplifier 模块选择在线性工作模式下。当 Amplifier 选择在线性工作模式下时，模块的参数设置也变得非常简单。具体如表 3-33 所示。

表 3-33　低噪声放大器模块参数设置说明

模块名称	Amplifier			
功能描述	对接收端的低噪声放大器进行仿真，增强接收信号的功率，对其进行线性放大			
I/O 接口	输入接口	1	输出接口	1
	输入信号属性	离散信号（模拟信号）	输出信号属性	离散信号（模拟信号）
参数说明	Linear gain（dB）	线性增益		
	Specification method	指定噪声指标（噪声温度，噪声系数，噪声指标）		
	Noise temperature（K）	噪声温度（当选择噪声温度时出现）		
	Noise figure（dB）	噪声指标（当选择噪声指标时出现）		
	Noise factor	噪声系数（当选择噪声系数时出现）		
	Initial seed	初始化种子		

该模块及其参数设置界面如图 3-56 所示。

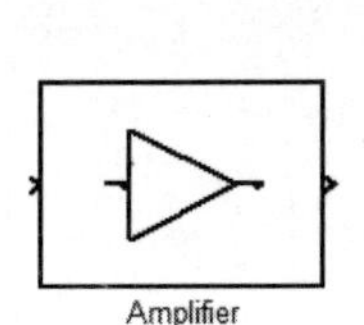

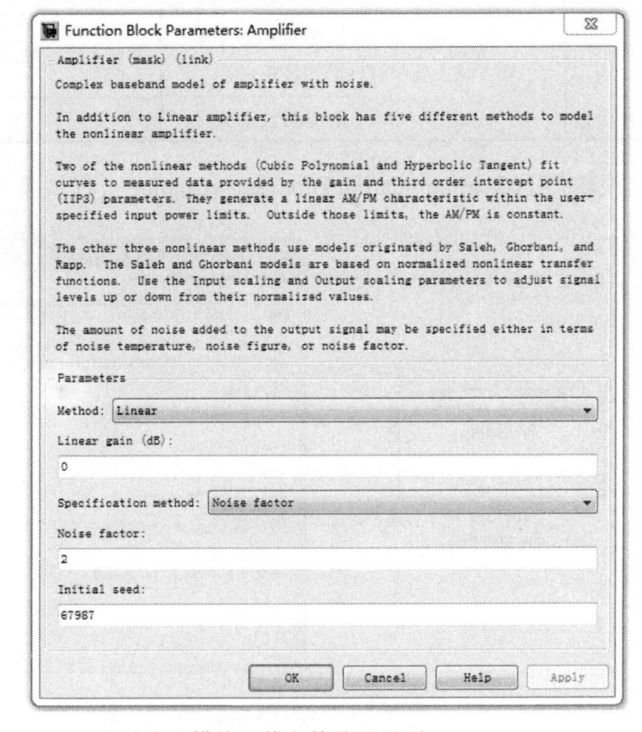

图 3-56　低噪声放大器模块及其参数设置界面

3.1.7　信道模块

1. 加性高斯白噪声

如果噪声的取值服从零均值高斯分布，而任意不同时刻的取值相互独立，则称这种噪声信号为高斯白噪声（AWGN）。它是一种最简单的噪声，表现为信号围绕平均值的一种随机波动过程。高斯白噪声的相关函数为一个冲激函数，其功率密度函数为常数。该模块对加性高斯白噪声信道的物理模型进行仿真，具体参数说明如表 3-34 所示。

表 3-34　AWGN_channel 模块参数说明

<table>
<tr><td>模块名称</td><td colspan="4">AWGN-channel</td></tr>
<tr><td>功能描述</td><td colspan="4">在输入信号中加入高斯白噪声</td></tr>
<tr><td rowspan="2">I/O 接口</td><td>输入接口</td><td>1</td><td>输出接口</td><td>1</td></tr>
<tr><td>输入信号属性</td><td>离散信号（模拟信号）</td><td>输出信号属性</td><td>离散信号（模拟信号）</td></tr>
<tr><td rowspan="9">常用
参数说明</td><td>Initial seed</td><td colspan="3">初始化种子</td></tr>
<tr><td>Mode</td><td colspan="3">模式设定（SNR、E_s/N_0、E_b/N_0）</td></tr>
<tr><td>Input signal power</td><td colspan="3">信号输入功率</td></tr>
<tr><td>SNR</td><td>SNR（dB）</td><td colspan="2">信噪比</td></tr>
<tr><td rowspan="2">E_s/N_0</td><td>E_s/N_0（dB）</td><td colspan="2">数字码符号信噪比</td></tr>
<tr><td>Symbol period（s）</td><td colspan="2">符号周期</td></tr>
<tr><td rowspan="3">E_b/N_0</td><td>E_b/N_0（dB）</td><td colspan="2">归一化信噪比</td></tr>
<tr><td>Number of bits per Symbol</td><td colspan="2">每符号比特数，例如四进制调制每个符号比特数为 2</td></tr>
<tr><td>Sybmol period（s）</td><td colspan="2">符号周期</td></tr>
</table>

该模块位于 Communication Blockset->Channels，模块及参数设置界面如图 3-57 所示。

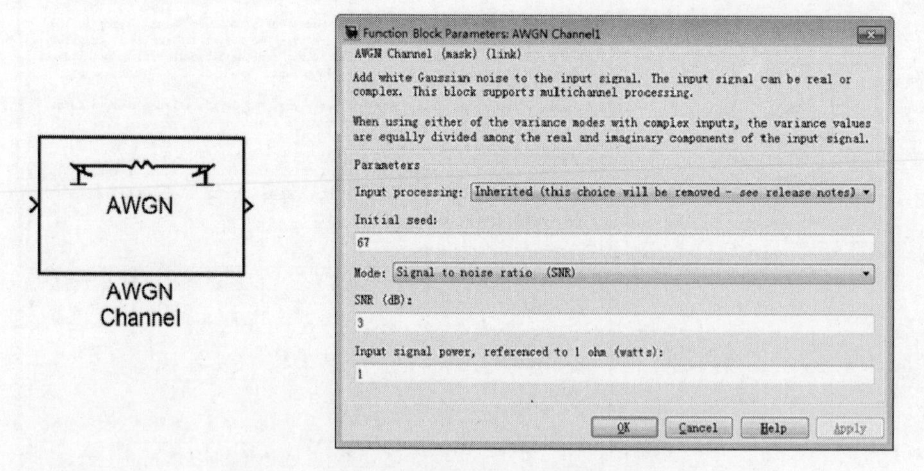

图 3-57　AWGN Channel 模块及参数设置界面

2. 自由传输损耗

卫星通信链路的传输损耗包括自由空间损耗、大气吸收损耗、天线指向误差损耗、极化损耗和降雨损耗等，其中最主要的是自由空间传播损耗。这是由于卫星通信中电波主要是在大气层以外的自由空间损耗，而这部分损耗在整个传输损耗中占了绝大部分。

当电波在自由空间传播时，传播损耗为 $L_p = \left(\frac{4\pi d}{\lambda}\right)^2$ 通常用分贝来表示为

$$[L_p]=92.44+20\lg d(\text{km})+20\lg f\ (\text{GHz}) \tag{3-10}$$

由式（3-10）可以看到，距离 d 和频率 f 决定了整个大气传输损耗。自由传输损耗模块的参数设置如表 3-35 所示。

表 3-35　Free Space Path Loss 模块参数设置说明

模块名称	Free Space Path Loss			
功能描述	在输入信号中加入高斯白噪声			
I/O 接口	输入接口	1	输出接口	1
	输入信号属性	离散信号（模拟信号）	输出信号属性	离散信号（模拟信号）
参数说明	Mode	模式设定（Distance and Frequency, Decibels）		
	Distance and Frequency	Distance（km）	距离	
		Carrier frequency（MHz）	载波频率	
	Decibels	Loss（dB）	衰减损耗	

该模块在 Communication Blockset->RF Impairments 模块库中，模块及参数设置界面如图 3-58 所示。

Free Space
Path Loss
10 dB

Free Space
Path Loss

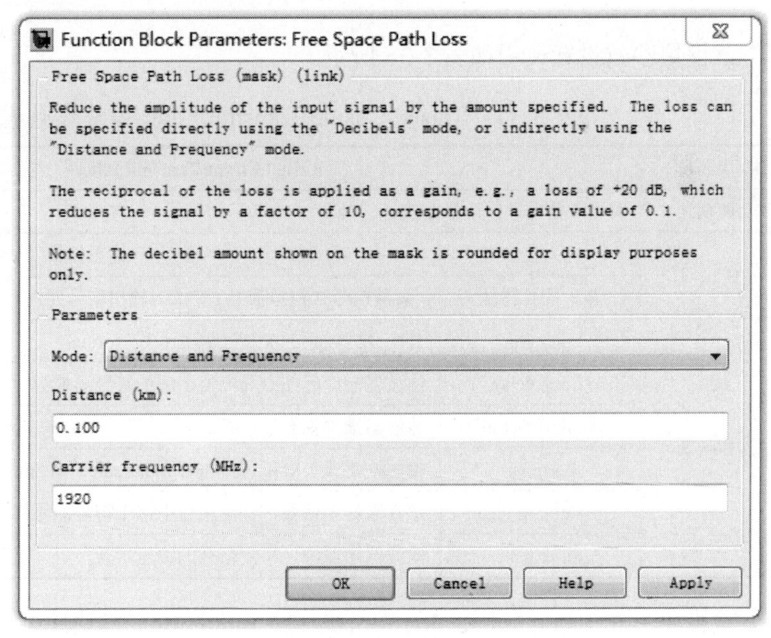

图 3-58　自由传输损耗模块的参数设置

3.1.8　滤波模块

在通信系统中，滤波模块主要采用的是升余弦滤波器，本节只对升余弦收发模块进行详细介绍。本节介绍的模块组成如图 3-59 所示。

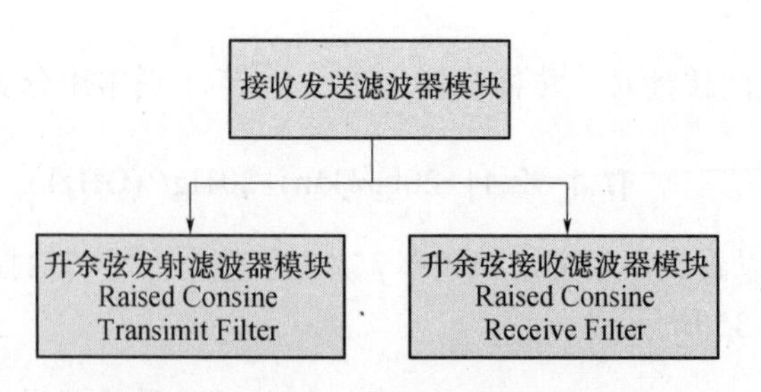

图 3-59　接收发送滤波器模块的组成

1. 升余弦发射滤波器模块的设计

升余弦发射滤波器模块利用常规升余弦 FIR 滤波器或平方根升余弦 FIR 滤波器对输入信号提高采样频率或波形。如果滚降系数为 R,符号周期为 T，那么常规升余弦滤波器的脉冲响应可以表示为：

$$h(t)=\frac{\sin(\pi t/T)}{(\pi t/T)}\cdot\frac{\cos(\pi Rt/T)}{(1-4R^2t^2/T^2)} \tag{3-11}$$

而平方根升余弦滤波器的脉冲响应可以表示为：

$$h(t)=4R\frac{\cos((1+R)\pi t/T)+\dfrac{\sin((1-R)\pi t/T)}{(4Rt/T)}}{\pi\sqrt{T}(1-(4Rt/T)^2)} \tag{3-12}$$

该模块参数设置说明如表 3-36 所示。

表 3-36　Raised Cosine Transmit Filter 模块参数说明

模块名称	Raised Cosine Transmit Filter			
功能描述	对输入信号进行成形滤波			
I/O 接口	输入接口	1	输出接口	1
	输入信号属性	离散信号（模拟信号）	输出信号属性	离散信号（模拟信号）
参数说明	Filter type	升余弦滤波器的类型（Square 和 Normal）		
	Group delay	滤波器响应起始点与峰值之间的符号周期数		
	Rolloff factor	滤波器滚降系数		
	Farming	输出帧格式（Maintain input frame rate、Maintain input frame size）		
	Upsampling factor	提高采样率系数，输出信号中每个符号的采样数，必须为大于 1 的整数		
	Filter gain	滤波器增益项，决定信号的输出增益		

该模块存在于Communication Blockset->Comm Filters模块库中，其模块及参数设置界面如图3-60所示。

2. 升余弦接收滤波器模块的设计

升余弦接收滤波器是利用常规升余弦FIR滤波器或平方根升余弦FIR滤波器对接收信号滤波，是升余弦接收滤波器模块的逆过程。接收信号经过该模块处理后输出符号流被送至解调模块，该模块的参数设置说明如表3-37所示。

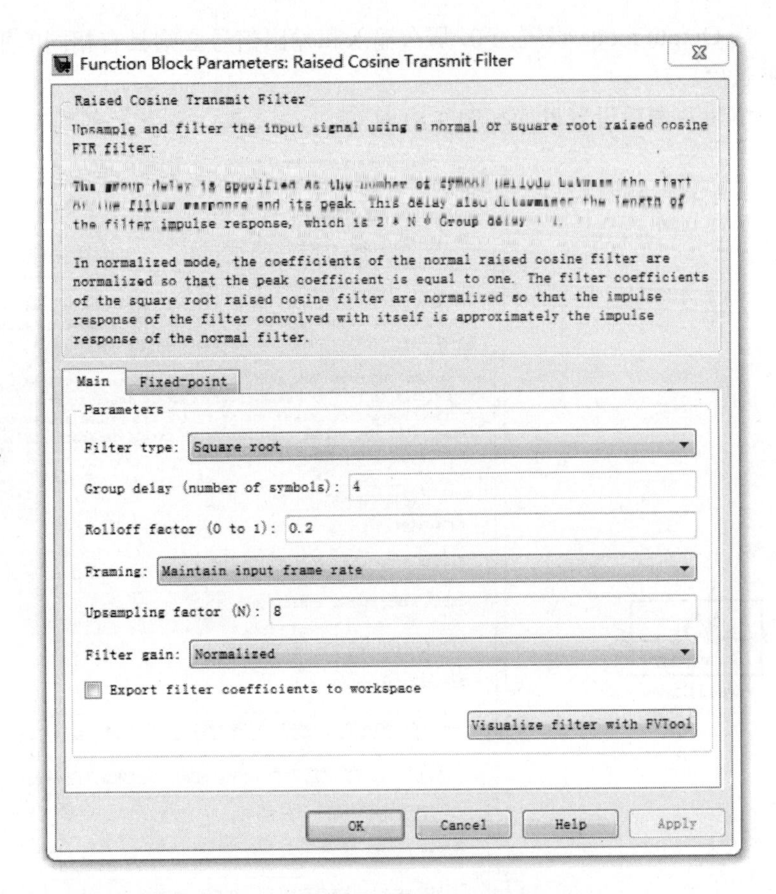

图 3-60　Raised Cosine Transmit Filter 模块及参数设置界面

表 3-37　Raised Cosine Receive Filter 模块参数说明

模块名称	Raised Cosine Receive Filter			
功能描述	对输入信号进行滤波，分离出需要的符号流			
I/O 接口	输入接口	1	输出接口	1
	输入信号属性	离散信号（模拟信号）	输出信号属性	离散信号（模拟信号）
参数说明	Filter type	升余弦滤波器的类型（Square 和 Normal）		
	Group delay	滤波器响应起始点与峰值之间的符号周期数		
	Rolloff factor	滤波器滚降系数		
	Farming	输入帧格式（Maintain input frame rate、Maintain input frame size）		
	Output mode	输出模式（Downsample、None）		
	Downsample factor	降采样率系数，由输入信号的采样方式决定		
	Sample offset	采样偏移，模块去掉初始的“Sample offset”项正整数个采样		
	Filter gain	滤波器增益项，决定信号的输出增益		

当 Output mode 设置为 0，那么输入和输出信号必须具有相同的采样方式、采样时间、向量长度。

模块及参数设置界面如图 3-61 所示。

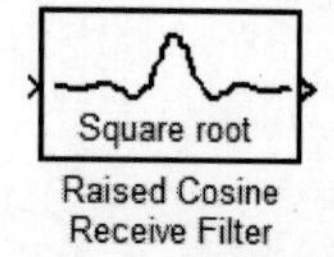

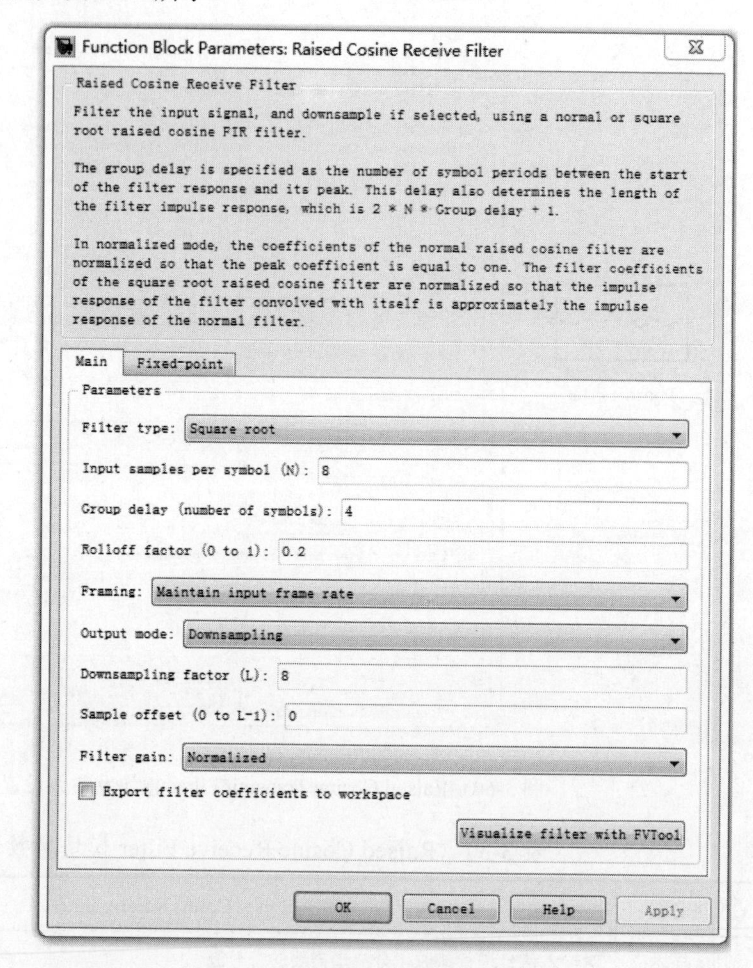

图 3-61　Raised Cosine Receive Filter 模块及参数设置界面

3.1.9　信号观测模块

Simulink 模块库提供了一些虚拟仪器，帮助用户观察模型中各个节点的信号。本节主要介绍两种常用虚拟仪器：示波器和星座图观测仪。

1. 示波器

图 3-62 为示波器模块及其参数设置界面，将要测量的信号接入该模块，在模型仿真时该信号的频谱就会出现。模块的参数设置较为简单，这里不做详细说明，只对几个主要的参数进行说明：

Buffer input：当输入信号为基于采样的模式时，需要选择此项。

Specify FFT length：指定信号 FFT 长度。

Number of spectral averages：信号频谱平均次数。

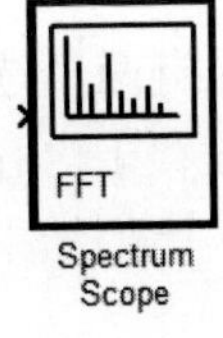

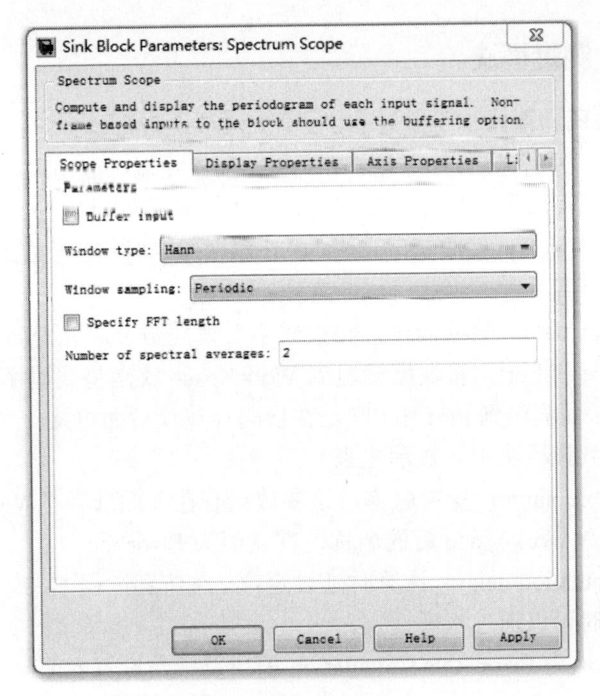

图 3-62　示波器模块及参数设置界面

2. 星座图观测仪

图 3-63 为星座图观测仪及其参数设置界面，调制后或解调前的信号接入该模块后便可观察该信号的星座图，该参数设置较为简单，这里不做过多讨论。

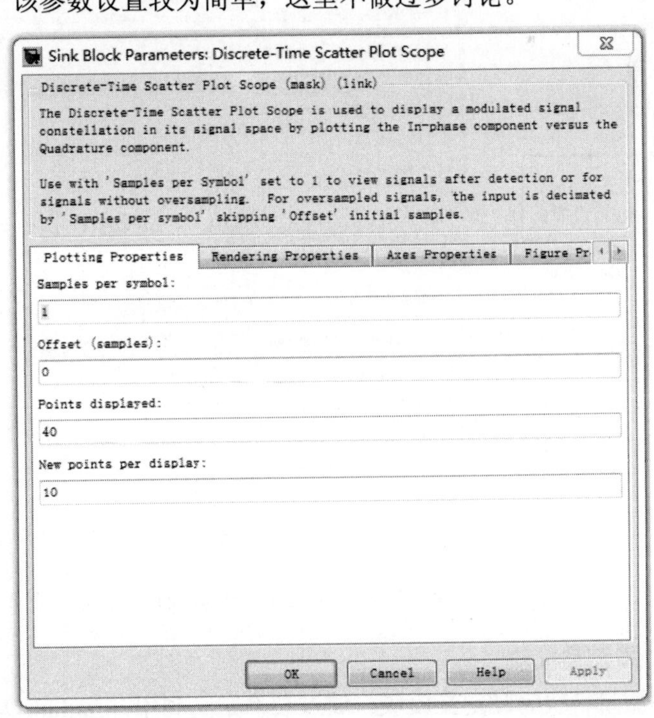

图 3-63　星座图观测仪及其参数设置界面

3.1.10 测量模块

1. 误码计算仪

信号经过信道后，由于噪声的干扰，在接收端可能出现误码，Simulink 中提供了 Error Rate Calculation 模块来计算误码率，其主要参数的设置为：

Receive delay：接收延迟，表明在计算误码率时接收到的信号比源信号延迟的码元数，便于准确计算。

Output data：数据输出，将误码率、误码数及码元总数输出，有两个选项可选择，Work space 和 Port。将数据输出到 Work space 就是将误码率等数据存于内存中，以便下一步使用；而输出到 Port 中，则是在误码计算仪后面再接一个模块（比如结果显示模块），将数据传到该模块中（显示出来）。

Variable name：变量名称，该参数只有在前面选择了 Work space 后才有用，它决定数据输出到 Work space 后的名称，默认值为 ErrorVec。

Computation delay：计算时延设定项。在仿真过程中，有时需要忽略初始的若干输入数据，这时可以通过本项设定。

图 3-64 为 Error Rate Calculation 模块及参数设置界面。

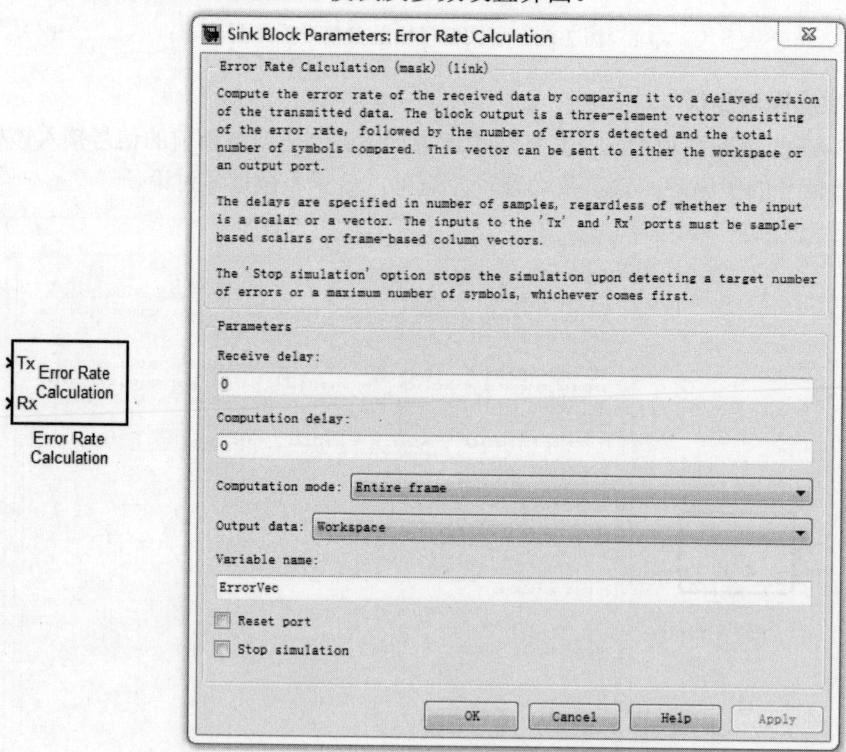

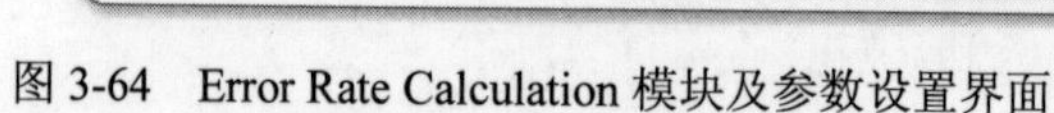
图 3-64 Error Rate Calculation 模块及参数设置界面

2. 功率测量模块

功率测量模块为自定义模块，通过功率定义利用 Simulink 模块库中的基本模块搭建成该模块。模块不需要进行参数设置，可直接接在链路用于测量输出信号的功率。功率测量模块及结构框图如图 3-65 所示。

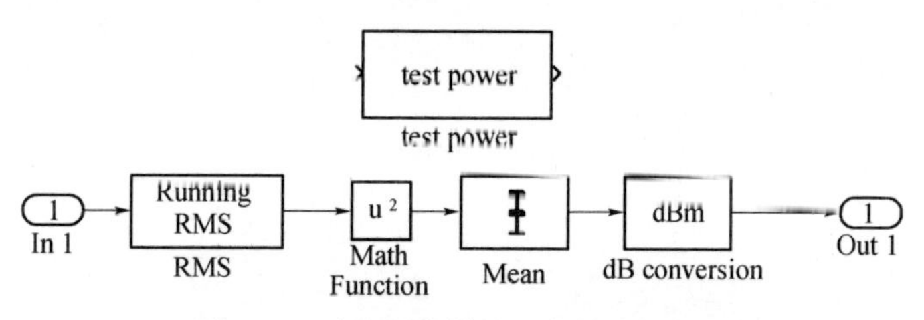

图 3-65　功率测量模块及内部结构框图

3. 延时检测

在链路仿真过程中，链路中存在缓存器会造成链路接收数据的延时。Simulink 提供了一个帮助我们寻找系统时延的模块 Find Delay，将它的两端口与发送和接收相连，就可找出整个系统收发的时延。但要注意的是：输入到模块的两路信号必须具有相同的数据类型。模块只需对参数 Correlation window length 进行设置，在设置 Correlation window length 参数时需要满足测量延时小于设置窗长。Find Delay 模块及参数设置界面如图 3-66 所示。

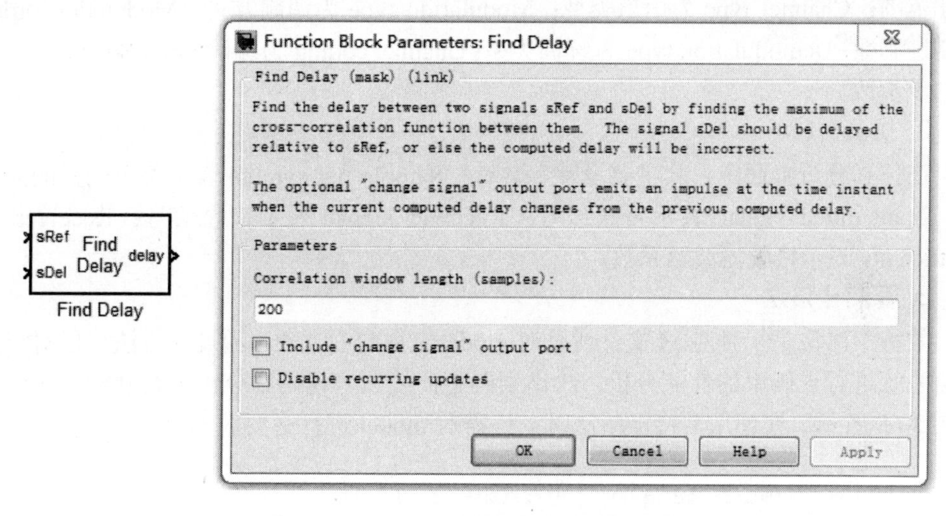

图 3-66　Find Delay 模块及参数设置界面

3.1.11　BER 分析工具

BER 分析工具是 toolbox 中用于对通信系统模型做误码率分析的一个工具，它具有友好的图形交互界面，通过简单的参数设置便可完成对通信仿真模型的误码率分析。BER 分析工具可用来对不同的调制方式、信道编码方式性能分析，并可提供相应的理论数据进行对照分析，方便开发者对仿真结果的处理。

在 Matlab 命令窗口中，输入 bertool 就会出现误码率分析工具（Bit Error Rate Analysis Tool），如图 3-67 所示。它是用于分析编码性能的强有力的工具。在这里我们对它做一个简要的介绍。它分为三个页面：理论分析（Theoretical）、仿真分析（Semianalytic）、蒙特卡洛法（Mont Carlo）。

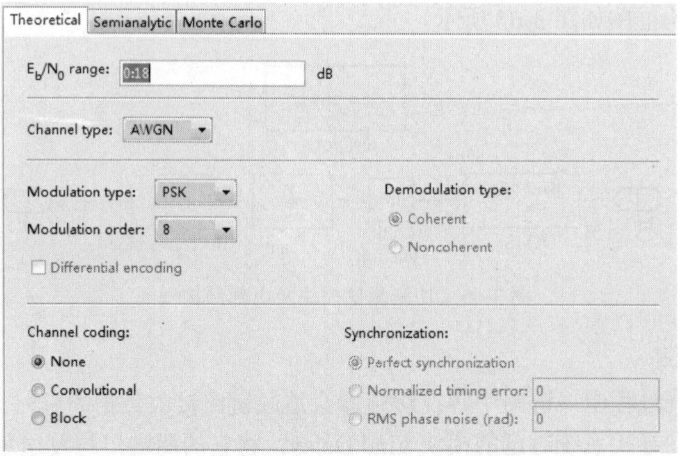

图 3-67　误码率分析工具理论分析页面

1. 理论分析

理论分析页面的设置比较简单，其主要参数有：E_b/N_0 range 为理论仿真的归一化信噪比范围；Channel type 为信道类型；Modulation type 为调制方式；Modulation order 为调制进制数；Demodulation type 为解调类型；Channel coding 为编码方式；Synch ronization 为同步参数。

2. 仿真分析

在仿真分析页面中，其主要设置参数有：Sample per symbol 表示每个码元的采样点数；Transmitted signal 表示传送信号；Receiver signal 表示接收信号；Receiver filter coefficients 表示接收滤波器系数。

3. 蒙特卡洛法

蒙特卡洛法是一种对 M 文件或是对 model 文件进行仿真，通过此方法可以对搭建的通信系统进行误码率的性能分析，绘出误码率曲线图。误码率分析工具蒙特卡洛法页面如图 3-68 所示。在使用蒙特卡洛法时，还需对 model 进行必要的设置：

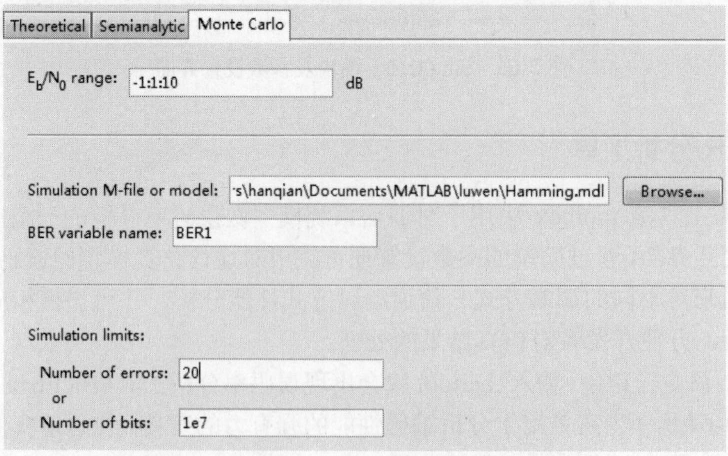

图 3-68　误码率分析工具蒙特卡洛法页面

将误码率计算仪的输出接入到 Workspace，并对 To Workspace 模块进行设置，同时对误码率计算仪的参数进行设置，如图 3-69、图 3-70 所示。

Variable name:
BER1
Limit data points to last:
1
Decimation:
1
Sample time (-1 for inherited):
-1
Save format: Array
Log fixed-point data as an fi object

图 3-69　To Workspace 的设置

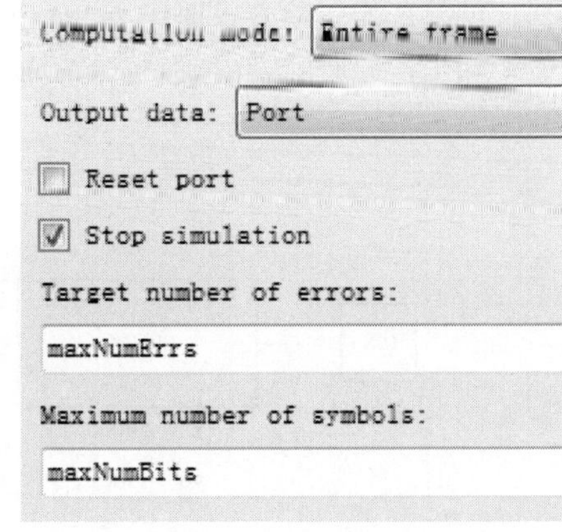

图 3-70　误码率计算仪的设置

除了将上述模块设置之外，还要将 model 中的信道和仿真时间进行设置：

Mode：Signal to noise ratio（E_b/N_0）

E_b/N_0：E_bN_0

将 model 的仿真时间改为无穷大(Inf)，这样就可以通过误码率分析工具来控制 model 的开始和停止。

误码率分析工具就是通过 E_bN_0 参数的传递来控制 model 的信噪比，通过 maxNumErrs 和 maxNumBits 来控制仿真的时间。maxNumErrs 表示最大错误个数，maxNumBits 表示最大测试比特位数，当达到两个参数中任意一门限值时，系统会将此时的误码率记录，同时仿真将在新的信噪比下测试，这个过程直到将所有设定的信噪比都被测试过，整个仿真将会停止。注意在设置 To Workspace 模块的 Variable name 时，要与误码率分析工具中的 BER variable name 保持一致。

3.2　通信系统模块功能分析验证

3.2.1　PCM 编码/解码模块的验证及分析

PCM 是现代数字电话系统的标准话音编码方式。A 律的 PCM 数字电话系统中规定：传输话音的信号频段为 300～3400Hz，采样率为 8000 次/s，对样值进行 13 折线压缩后编码为 8 位二进制数字序列。因此，PCM 编码输出的数码速率为 64Kb/s。

PCM 编码输出的二进制序列中，每个样值用 8 位二进制码表示，其中最高比特位表示取样值的正负性，规定负值用 0 表示，正值用 1 表示。接下来的 3 位比特表示样值的绝对值所在的 8 段折线的段落号，最后 4 位是样值处于段落内 16 个均匀间隔上的间隔序号。在数学上，PCM 编码较低位相当于对样值的绝对值进行 13 折线近似压缩后的 7 位均匀量化编码输出。

设计一个 A-law 压缩的 PCM 编码器模块，使它能够对取值在[-1,1]内的归一化信号样值进行编码，并验证及编码结果与理论值是否相同。

测试模块和仿真结果如图 3-71 所示，其中输入一个大小为 0.8 的常数，使它通过 PCM 编码器，编码器的压缩方式选择 A-law 压缩，编码器的输出通过一个缓存器，每 8 个位作为一个输出，此时的输出就是常数 0.8 编码后的值。

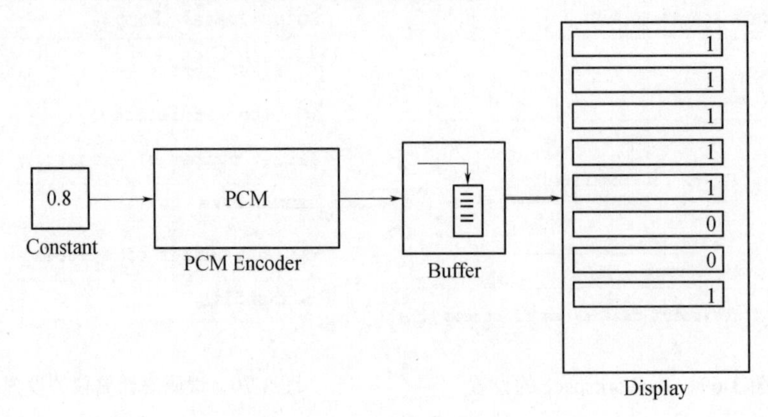

图 3-71　PCM 编码验证

已知 A 压缩律是指符合下式的对数压缩规律：

$$y=\frac{Ax}{1+\ln A}\left(1<x\leqslant\frac{1}{A}\right);\ y=\frac{1+\ln(Ax)}{1+\ln A}\quad\left(\frac{1}{A}\leqslant x\leqslant 1\right)$$

把 0.8 代入上述公式中，可以得到 y=0.9592，再通过 127 倍的放大，得到的数值再进行带符号的 8 位编码，得到的二进制数值为 11111001，由此可见通过 PCM 编码器得到的数值和代入公式得到的理论值相同，即这个 PCM 编码器能够正常进行编码。

1．设计并测试 PCM 解码器

测试模型和仿真结果如图 3-72 所示，在 PCM 的解码器中，设置扩张方式为 A-law 扩张，A 的取值为 87.6，在编码器侧输入一个为 0.8 的常数，通过 PCM 编码器，和解码器后输出的结果通过显示器进行观察，通过仿真结果可知，解码器输出的数据与编码器端输入的数据相同，即编码器达到设计要求。

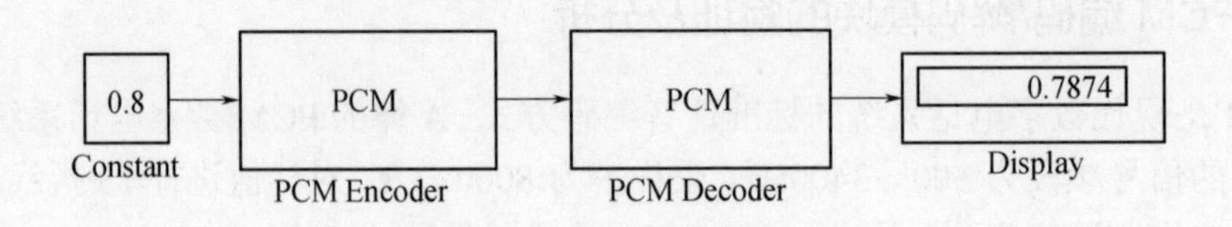

图 3-72　PCM 的解码验证

2．建立模型验证编码器性能

利用 PCM 编码器和解码器建立 PCM 串行传输模型，并在传输信道加入指定的错误概率的随机误码。

仿真模块如图 3-73 所示，PCM 编码器输出经过并串转换后得到二进制码流送入二进制对称信道。在解码端信道输出的码流经过串并转换后送入 PCM 解码，之后输出解码结果并显示波形。模块中没有对 PCM 解码出来的结果作低通滤波器处理，但实际系统中 PCM 解码输出总是经过低通滤波后送入扬声器的。

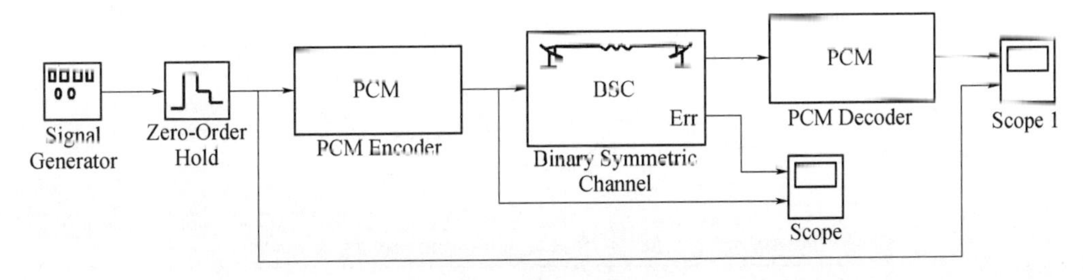

图 3-73　编码仿真模型

仿真采样率必须是仿真模型的最高信号速率的整数倍，这里模型中信道传输速率最高，为 64Kb/s，故仿真步长设置为 1/64000s，信道错误比特率高为 0.01，以观察信道误码对 PCM 传输的影响。仿真结果的波形如图 3-74 所示，传输信号为 200Hz 正弦波，解码输出存在延迟。对应于信道产生误码的位置，解码输出波形中出现了干扰脉冲，干扰脉冲的大小取决于信道错误比特位于一个 PCM 编码字串中的位置，位于最高位时将导致解码值极性错误，这时引起的干扰最大，而位于最低位的误码引起的干扰最轻微。

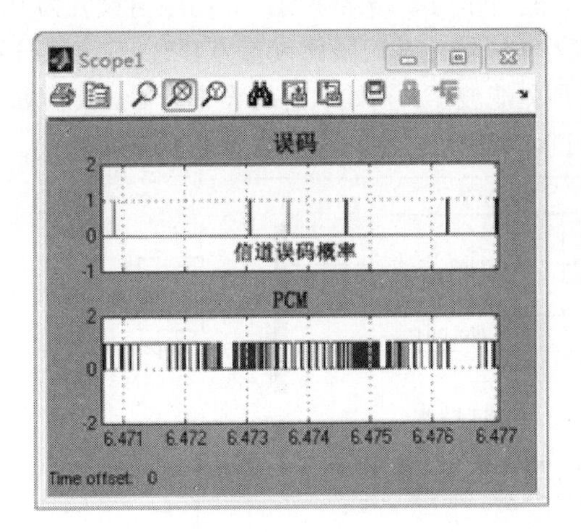

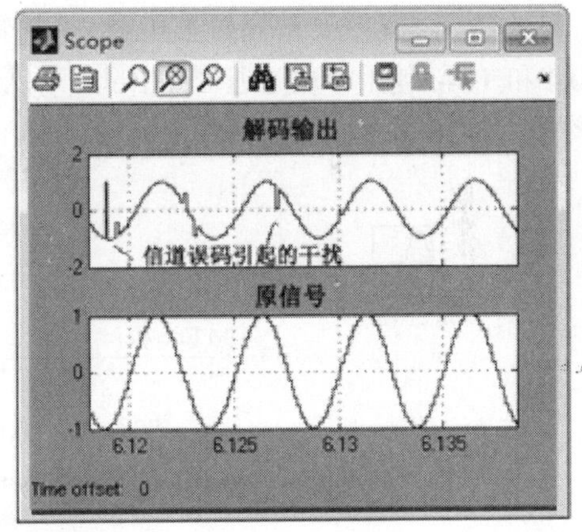

图 3-74　仿真结果图

图 3-75 为 PCM 模块验证链路输出的时域波形图。

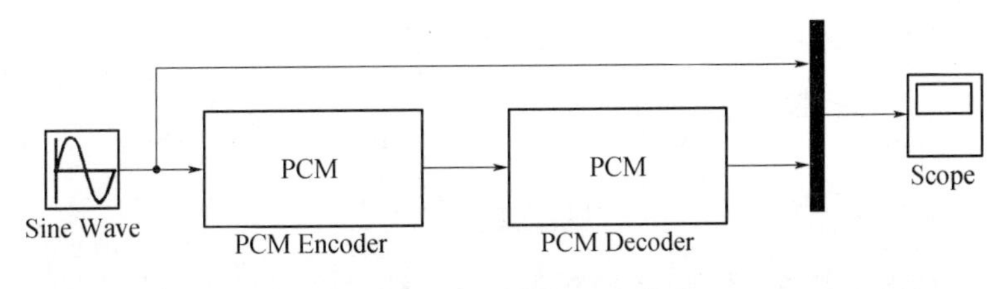

图 3-75　PCM 模块验证链路

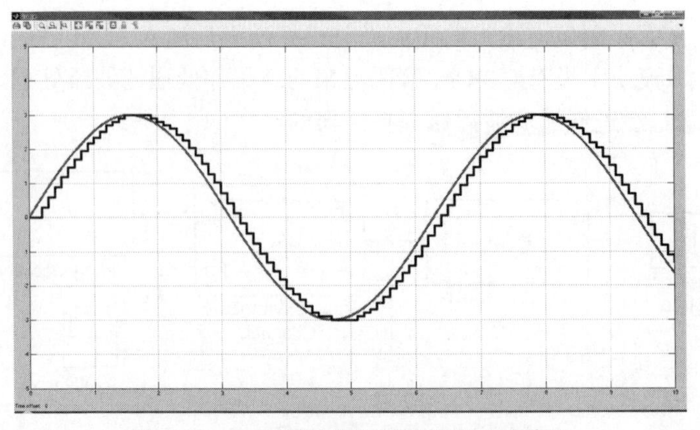

图 3-76　PCM 模块验证链路输出时域波形

3.2.2　DM 编码/解码模块的验证及分析

增量调制（DM）是 DPCM 的一种简化的形式，在增量调制下，采用 1bit 量化器，即用 1 位二进制码传输样值的增量信息，预测器是一个单位延迟器，延迟一个采样时间间隔，模块的测试模型如图 3-77 所示，仿真步进设置为 0.001s,模型中所有需要设置采样时间的地方均设置采样时间为 0.001s。在增量调制部分，Relay 模块作为量化器使用，其门限设置为 0，输出值分别设置为 0.4 和−0.4；Relay 模块作为编码器使用，其门限值设置为 0，输出值设置为 1 和 0，解码端 Relay2 模块作为解码器，其门限值设置为 0.5，输出值分别为 0.4 和−0.4；使用单位延迟 Unit Delay 作为预测滤波器，初始状态均设置为零。其仿真结果图如图 3-78 所示，由仿真结果比较可知，DM 解码后的信号与原输入信号基本相同。

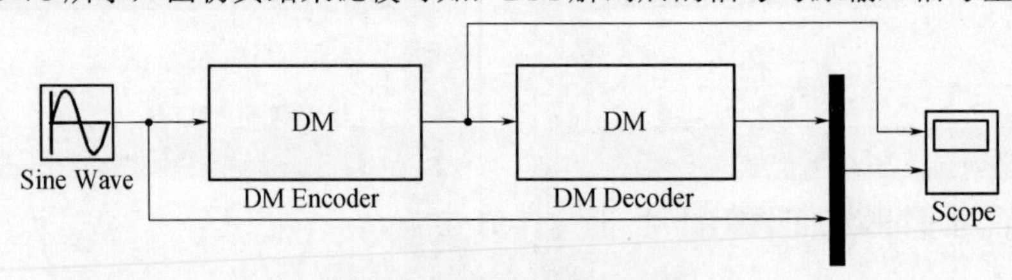

图 3-77　DM 模块验证链路

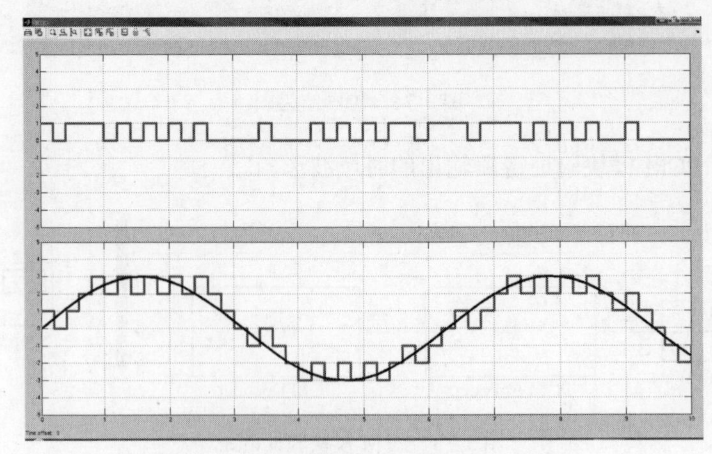

图 3-78　DM 模块验证链路输出时域波形

3.2.3　DPCM 编码/解码模块的验证及分析

DPCM 与 DM 相比量化区间更多，采用多比特对差值进行量化编码。DPCM 与 DM 相同每个采样点之间都存在着相关性，所以抗干扰能力不如 PCM 编解码。图 3-79 是对 DPCM 模块的验证链路。

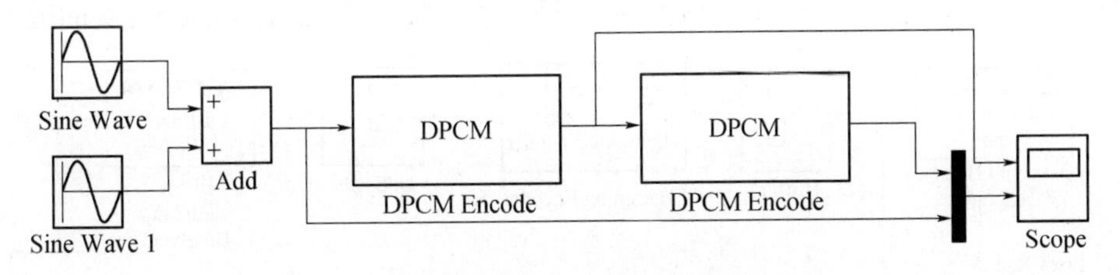

图 3-79　DPCM 模块验证链路

图 3-80 是 DPCM 编码后的比特流和解码后的时域波形图。

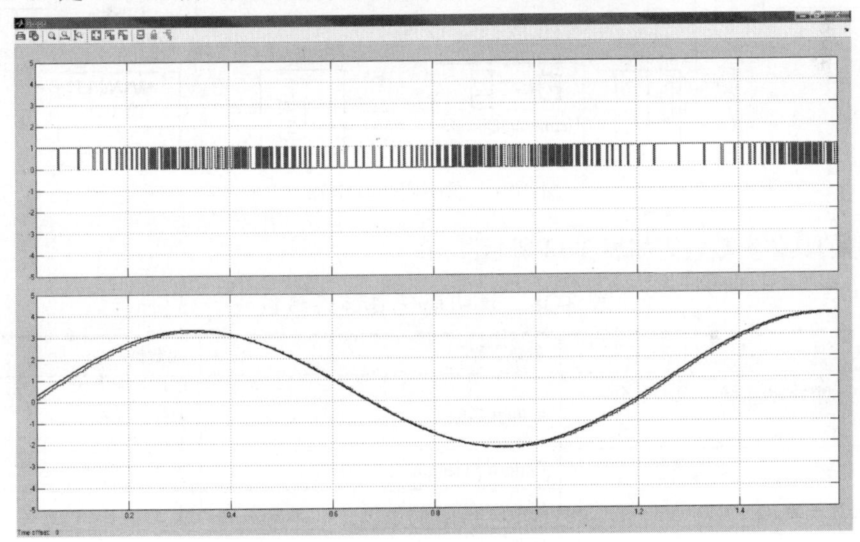

图 3-80　DPCM 模块验证链路输出时域波形

3.2.4　汉明码编码/译码模块的验证及分析

汉明码属于线性分组码。汉明码的抗干扰能力较强，它能够纠正单个随机错误。设汉明码编码器的输入信号的长度为 k，输出信号的长度为 n，则产生的是一个（n，k）汉明码，其中 $n=2m-1$，$m\geqslant3$，并且满足 $n=k+m$。Matlab 提供了一个函数“gfrimfd(m，'min')”用来找到一个最小的本原多项式。下面程序列出了当 n 等于 4 时最小的本原多项式。

```
a=gfprimfd(4,'min')
a =1 1 0 0 1
```

在设置参数时应注意：

(1) $n=2m-1$，$m\geqslant3$。本例中 $m=3$，$n=7$。

(2) k 必须满足 $k=n-m$。本例中 $k=4$；或者设置为“length（gfprimfd（3, 'min')）”即[1

1 0 1]，式中“3”即是 m。

(3) 仿真系统的信号源的输出帧长应等于 k，所以在编码器前的缓冲器的长度必须是 k。

(4) 经过编码器后的信息速率会发生改变，若信源编码后的信号的信息速率是 R_b，那么经过信道编码后的符号速率 $R_c=R_b\times k/n$。

汉明码解码器用于对（n，k）汉明码进行解码，得到原始的信息序列。汉明码译码器的参数设置应该与汉明码编码器的参数保持一致。如图 3-78 是汉明码仿真的链路图。

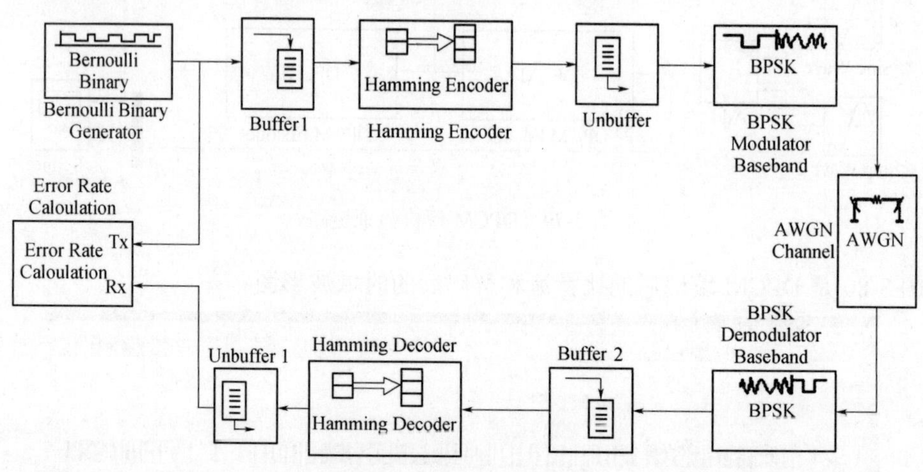

图 3-81　汉明码仿真链路

链路的具体参数设置如表 3-38 所示。

表 3-38　汉明码仿真链路参数

模块名称	参数名称	参数值
伯努利二进制信号发生器 (Bernoulli Binary Generator)	Sample time	1/40
汉明码编码器 (Hamming Encoder)	Codeword length	7
	Message length	4
汉明码译码器 (Hamming Decoder)	Codeword length	7
	Message length	4
高斯信道 (AWGN Channel)	E_b/N_0(dB)	E_bN_0+10*lg10（r）
	Number of bits per symbol	1
	Input signal power	1
	Symbol period(s)	1/70
缓冲器 1 (Buffer1)	Output buffer size	4
缓冲器 2 (Buffer2)	Output buffer size	7
误码率计算仪 (Error Rate Calculation)	Receive delay	8
	Variable name	BerHamm
注：r 为编码效率（即 $r=k/n$），对于含有信道编码的链路来说，高斯信道中归一化信噪比参数应为 E_c/N_c，E_c/N_c 定义为信道编码后的信号与噪声的比值，它等于[E_b/N_0]+10*lg10（r）。由于 BER 分析工具需要通过 E_bN_0 这个变量传递参数，故在信道模块 E_b/N_0 参数中应填写 E_bN_0+10*lg10（r），其中 r=4/7		

通过对汉明码编码链路的仿真，可得到图 3-80 的星座图和功率谱。从图 3-82 中可以看出仿真系统的带宽为 70Hz。同时由仿真可得到如图 3-83 所示的汉明码误码率性能曲线。

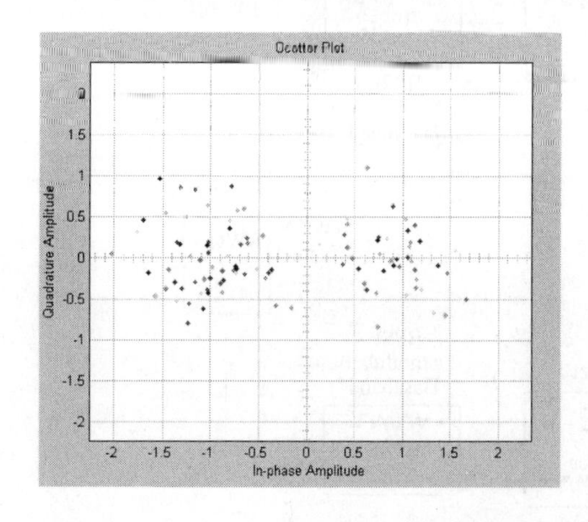

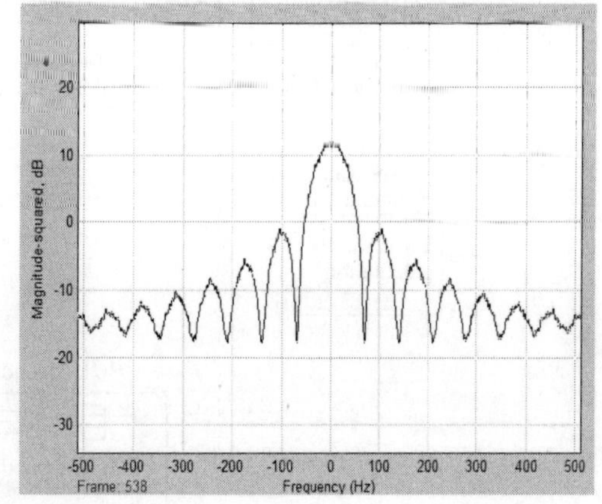

图 3-82 汉明码仿真链路的星座图和功率谱

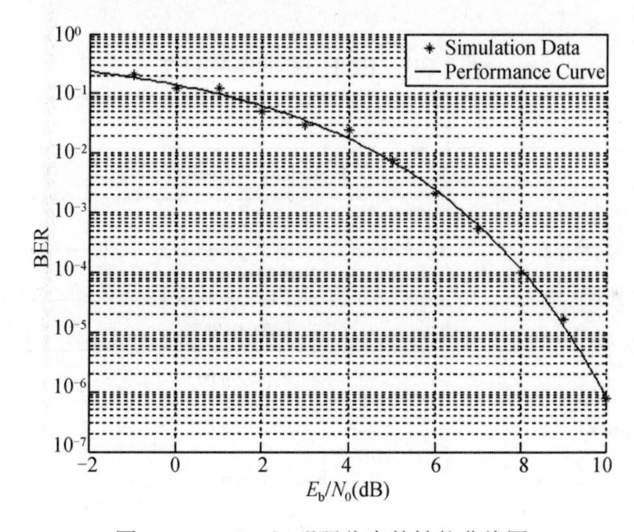

图 3-83 (7，4)汉明码仿真的性能曲线图

3.2.5 BCH 编码/译码模块的验证及分析

对于 BCH 码来说，当确定了码字长度 n 之后，只有对应特定的信息序列 k 才能产生 BCH 码。在 Matlab 中提供了一个函数“bchnumerr (n)”，用来给出当 n 时对应 k 的值，bchnumerr(n)只能给出本原 BCH 码，对于非本原 BCH 码 Matlab 是不能给出的。在这里建立 BCH 码编码/解码的仿真实例，模型如图 3-84 所示。

在这个仿真模型中信源是一个 Bernoulli 二进制序列产生器，它将产生一个二进制序列，然后对此信息序列进行 BCH 编码，通过 BPSK 调制后进入高斯信道，在信道的另一端经过与发端相反的过程，实现对发送信号的接收，其中各个模块的参数如表 3-38 所示，未列出的参数均采用默认值。

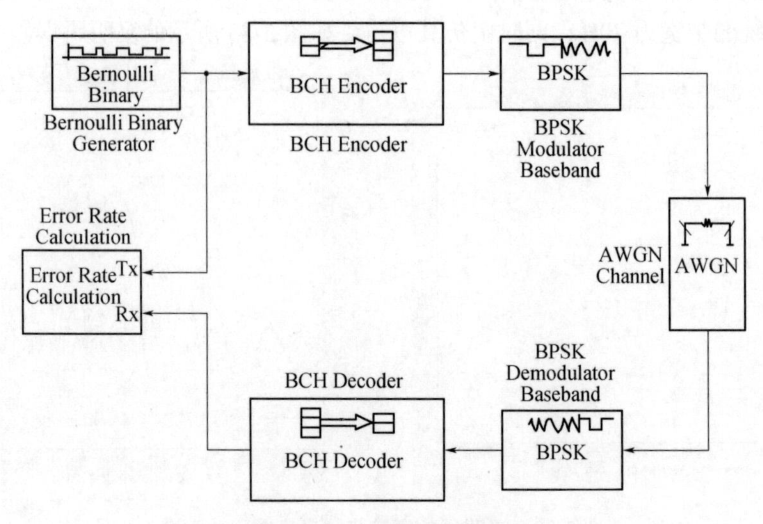

图 3-84　BCH 仿真链路

表 3-39　BCH 模型参数设置

模块名	参数名	参数值
伯努利二进制信号发生器 (Bernoulli Binary Generator)	Probability of a zero	0.5
	Initial seed	12345
	Sample time	1/50
	Frame-based outputs	Check
	Sample per frame	5
BCH 编码器 (BCH Encoder)	Encoded length	15
	Message length	5
高斯信道 (AWGN Channel)	E_b/N_0(dB)	E_bN_0+10*lg10(r)
	Number of bits per symbol	1
	Input signal power	1
	Symbol period(s)	1/150
BCH 译码器 (BCH Decoder)	Encoder length	15
	Message length	5
误码率计算仪 (Error Rate Calculation)	Receive delay	0
	Variable name	BerBCH
注：r 为编码效率（即 r=k/n），相关说明见表 3-38，该参数中 r=1/3		

运行在 E_b/N_0=3 情况下通过 BPSK 调制后信号的频谱图及 BPSK 调制后加入噪声后的星座图如图 3-85 所示。

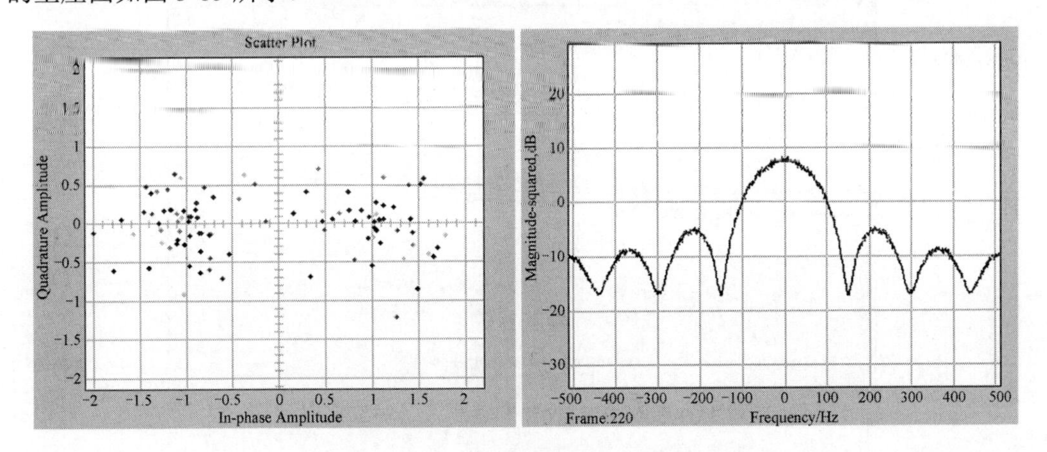

图 3-85　BCH 仿真链路的星座图和功率谱

运行 bertool 误码率分析工具，这个分析工具可以先画出 BCH 编码的理论曲线，然后根据运行的结果画出仿真过程中系统的实际误码率曲线，其中 bertool 工具参数的设置如图 3-86 所示，图 3-87 给出了理论误码率曲线与实际误码率曲线，通过比较可以发现，理论值与实际的曲线相差不大，可以满足该模块设计时的需求。

(a)

Bit Error Rate Analysis Tool

File Edit Window Help

Confidence Level	Fit	Plot	BER Data Set	BER	E_b/N_0 (dB)	# of Bits

Theoretical | Semianalytic | Monte Carlo

E_b/N_0 range: 0:1:8 dB

Simulation M-file or model: E:\教材及软件\soft\model\BCH.mdl Browse...

BER variable name: BER

Simulation limits:

Number of errors: 100

or

Number of bits: 1e8

Run Stop

(b)

图 3-86 Bertool 工具参数设置

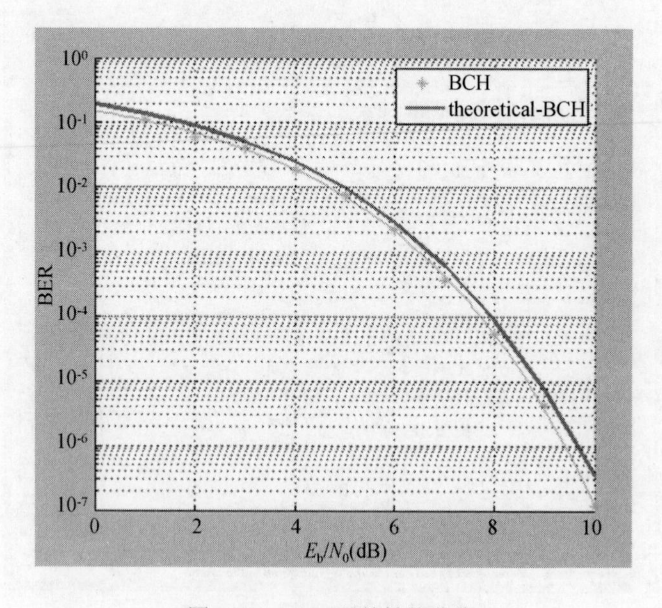

图 3-87 BCH 码的性能曲线

3.2.6 RS 编码/译码模块的验证及分析

图 3-88 为验证 RS 编码/译码模块性能的简单链路，与汉明码和 BCH 码验证相同，利用误码率分析工具通过该仿真链路可以得到 RS 在不同信噪比下的误码率性能曲线。

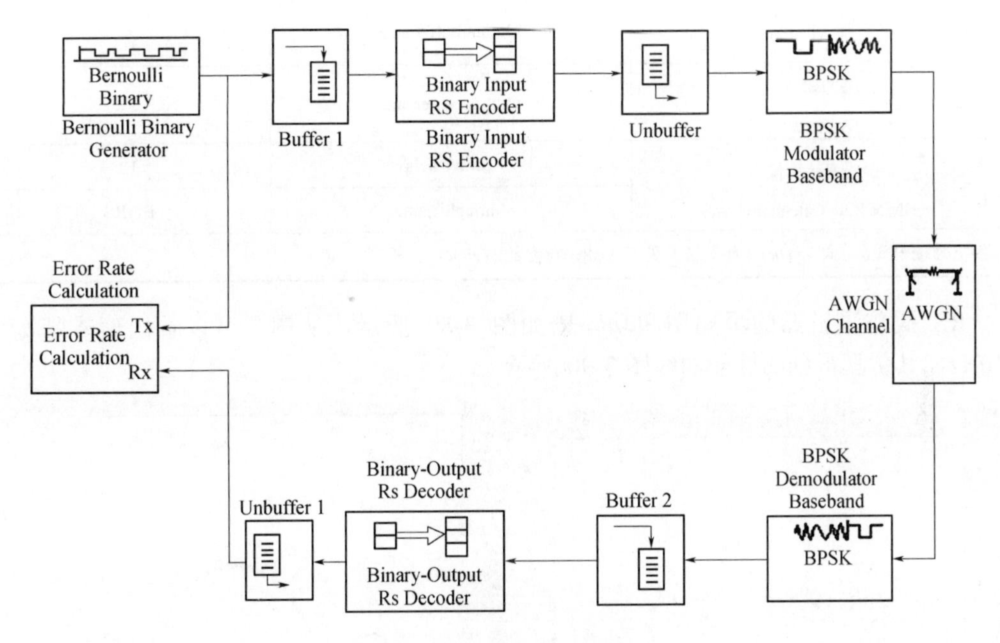

图 3-88　RS 码仿真链路

与前面的仿真链路设置参数过程类似，其需要注意的是误码率计算仪中系统时延的设置、伯努利二进制信号发生器中 Sample time 的设置和高斯信道中 Symbol period 的设置。

缓存器长度的设置不同于其他模型中的设置，由于 RS 码是分组进行编码的，所以输入信号 $k \cdot m$ 比特为一组，所以缓存器的长度应为 $k \cdot m$。由 $n=2m-1$ 可得 m，k 为信息位长度。由此可计算出进入 RS 编码模块前的缓存器的长度，并且由 $n \cdot m$ 可得进入 RS 译码器前信息分组的长度，也就是译码器前缓存器的长度。具体的参数设置如表 3-40 所示。

表 3-40　RS 码仿真链路参数设置

模块名称	参数名称	参数值
伯努利二进制信号发生器 (Bernoulli Binary Generator)	Sample time	1/90
RS 编码器 (Binary-Input RS Encoder)	Codeword length	7
	Message length	3
高斯信道 (AWGN Channel)	E_b/N_0(dB)	E_bN_0+10*lg10(r)
	Number of bits per symbol	1
	Input signal power	1
	Symbol period(s)	1/210

(续)

模块名称	参数名称	参数值
RS 译码器 (Binary-Output RS Decoder)	Codeword length	7
	Message length	3
缓冲器 1(Buffer1)	Output buffer size	9
缓冲器 2 (Buffer2)	Output buffer size	21
误码率计算仪 (Error Rate Calculation)	Receive delay	18
	Variable name	BerRS
注：r 为编码效率（即 $r=k/n$），相关说明见表 3-38，该参数中 $r=3/7$		

RS 码仿真链路的星座图和功率谱如图 3-89 所示，从图中可以看出信号带宽为 210Hz，其仿真得到的性能曲线图 3-90 所示。

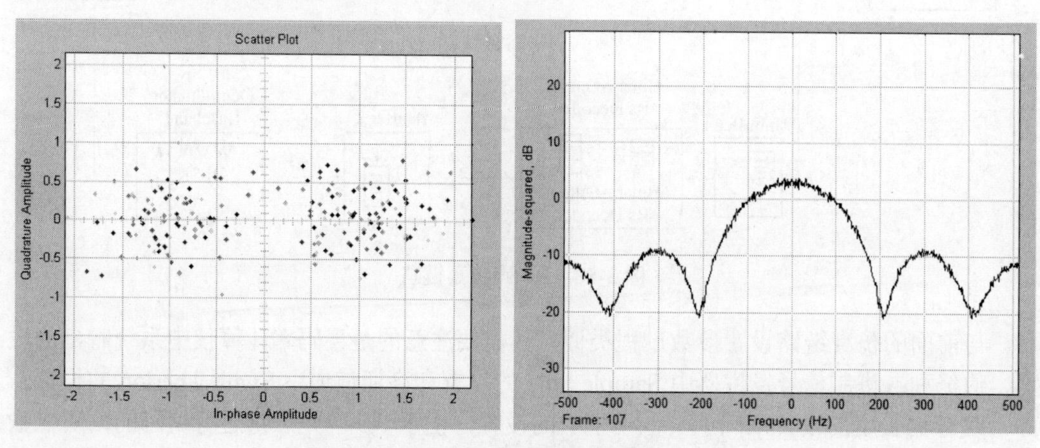

图 3-89　RS 码仿真链路的星座图和功率谱

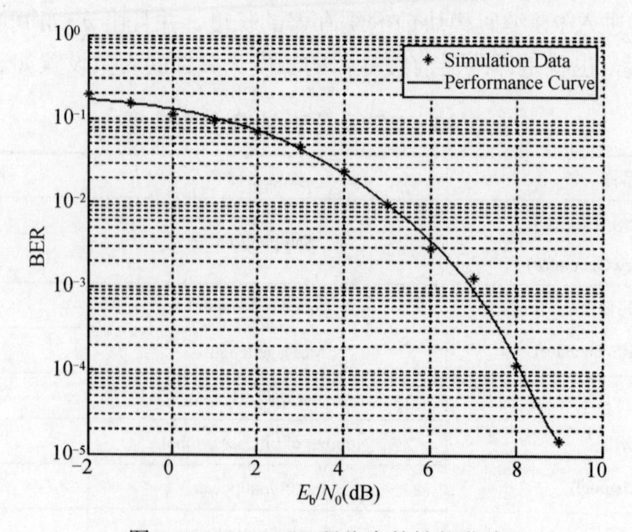

图 3-90　(7，3)RS 码仿真的性能曲线

3.2.7 卷积码编码/译码模块的验证及分析

在这里建立卷积码编码/译码的仿真实例，模型如图 3-91 所示。

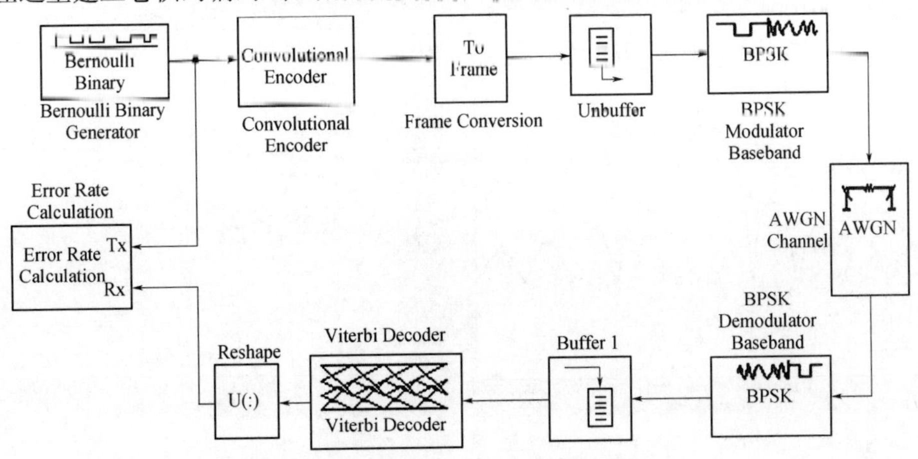

图 3-91 卷积码仿真链路

该在这个仿真模型中信源是一个伯努利二进制序列产生器，它将产生一个二进制序列，然后对此信息序列进行卷积码进行编码，格型结构 poly2trellis(7, [171 133])，通过 BPSK 调制后进入高斯信道，在信道的另一端经过与发端相反的过程，实现对发送信号的接收，其中其中 receive delay 设置为 70，其余各参数采取与表 3-41 相同的设置，未列出的参数均采用默认值。

表 3-41 卷积码仿真链路的参数设置

模块名称	参数名称	参数值
伯努利二进制信号发生器 (Bernoulli Binary Generator)	Sample time	1/50
卷积编码器 (Convolutional Encoder)	Trellis structure	poly2trellis（7, [171 133])
	Operation mode	Continuous
高斯信道 (AWGN Channel)	E_b/N_0(dB)	E_bN_0+10*lg10（r）
	Number of bits per symbol	1
	Input signal power	1
	Symbol period(s)	1/100
卷积译码器 (Viterbi Decoder)	Trellis structure	poly2trellis（7, [171 133])
	Decision type	Hard decision
	Traceback depth	35
	Operation mode	Continuous
缓冲器 1(Buffer1)	Output buffer size	2
误码率计算仪(Error Rate Calculation)	Receiver delay	36
	Variable name	BerCon
注：r 为编码效率（即 $r=k/n$），相关说明见表 3-38，该参数中 r=1/2		

运行仿真模块，在 E_b/N_0=3 情况下通过卷积码编码调制后信号的频谱图及 BPSK 调制后加入噪声后的星座图如图 3-92 所示。

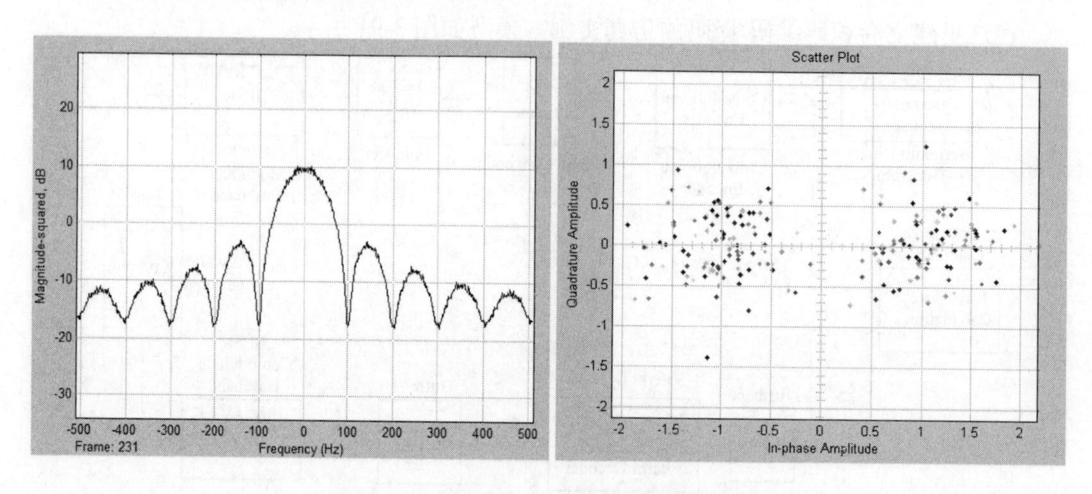

图 3-92　卷积码仿真链路的功率谱和星座图

运行 bertool 误码率分析工具，设置好参数后运行，图 3-93 为卷积码仿真得到的性能曲线。

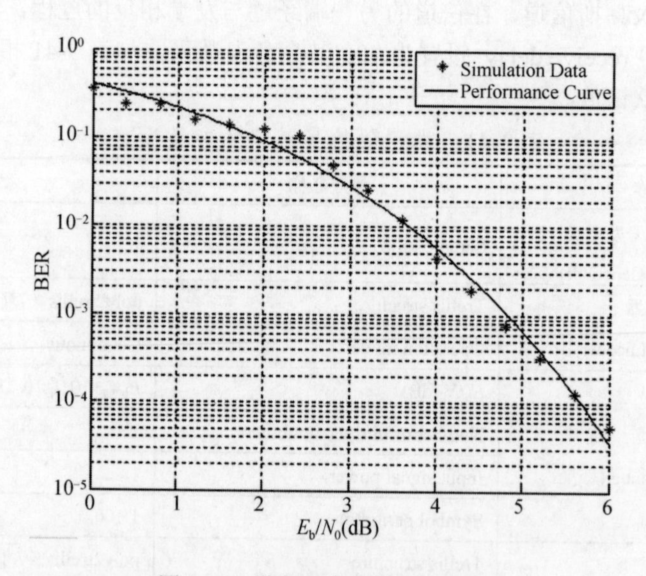

图 3-93　卷积码仿真的性能曲线

3.2.8　MFSK 调制/解码模块的验证及分析

多进制频移键控是利用不同的频率来表示码元，在实际应用中最常用的为四进制频移键控（4FSK），它采用 4 个不同的频率分别表示四进制的码元，在对模块的验证中，建立一个 4FSK 的串行传输仿真模型，其测试模块如图 3-94 所示。

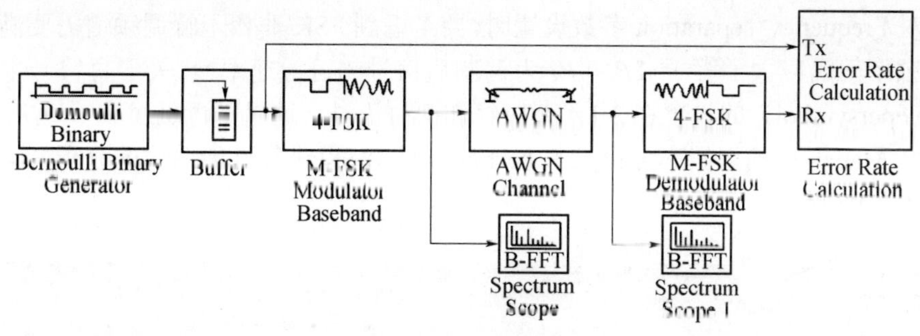

图 3-94　4FSK 仿真链路

模块中用一个伯努利发生器产生二进制的序列，进行 4FSK 调制后经过高斯信道，然后再经过 4FSK 解调后输出，最后用误码率计算模块，频率显示模块分别对系统的误码率和频谱进行分析。各模块的模块名称及参数设置如表 3-42 所示，其他未说明的参数均采用默认值。

表 3-42　4FSK 模型参数设置

模块名	参数名	参数值
伯努利二进制信号发生器 (Bernoulli Binary Generator)	Probability of a zero	0.5
	Initial seed	12345
	Sample time	0.1
缓冲器 (Buffer)	Output buffer size	2
MFSK 基带调制模块 (M-FSK Modulator Baseband)	The_number_of_Multilevel	4
	Frequency_separation(Hz)	10
	Sample_per_symbol	16
高斯信道 (AWGN Channel)	E_b/N_0(dB)	E_bN_0
	Number of bits per symbol	2
	Input signal power	1
	Symbol period(s)	0.2
MFSK 基带解调模块 (M-FSK Demodulator Baseband)	The_number_of_Multilevel	4
	Frequency_separation(Hz)	10
	Sample_per_symbol	16
误码率计算仪 (Error Rate Calculation)	Receive delay	0
	Stop simulation	check
	Target number of errors	maxNumErrs
	Maximum mumber of symbols	maxNumBits
	Variable name	BerFSK

在对 Frequency_separation 参数设置时，要考虑到 FSK 非相干解调频谱需要满足的条件，即频率间隔应大于等于 $2R_s$（R_s 为调制后信号的符号速率）。关于每符号采样点数（Samplepersymbol）的设置在 3.1.4 节已经详细讨论过，这里不再赘述。

打开 Matlab 中的误码率分析工具 bertool，对 4FSK 进行性能曲线的分析，bertool 的设置如图 3-95 所示。

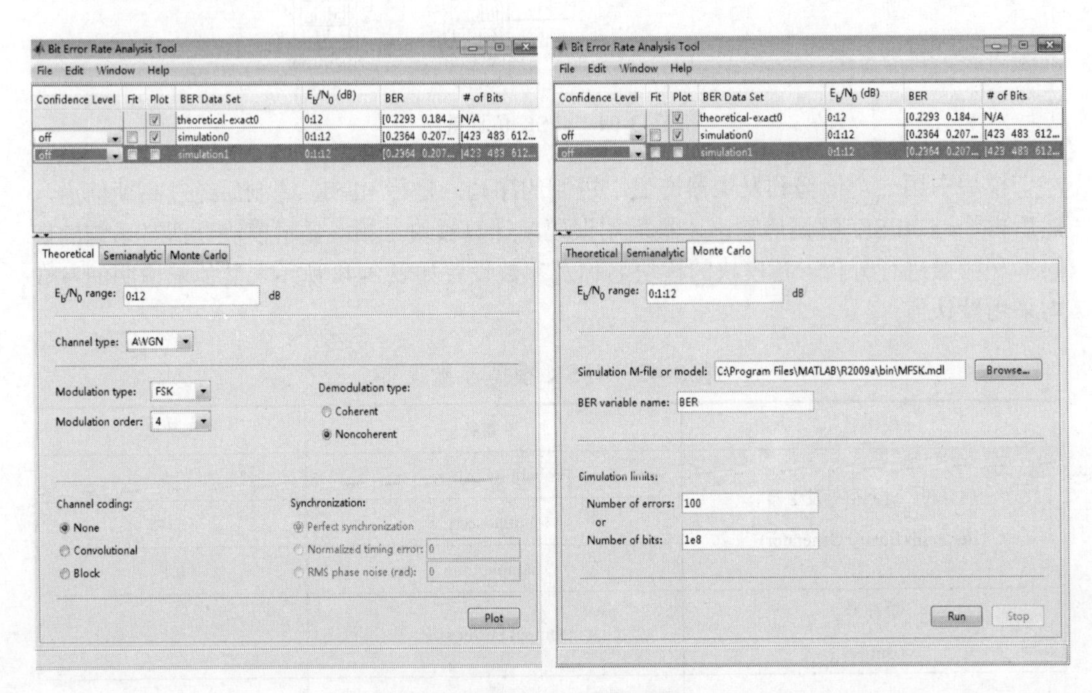

图 3-95　bertool 参数设置

运行误码率分析工具，得到调制后信号的功率谱和加入高斯白噪声后的功率谱如图 3-96 所示。

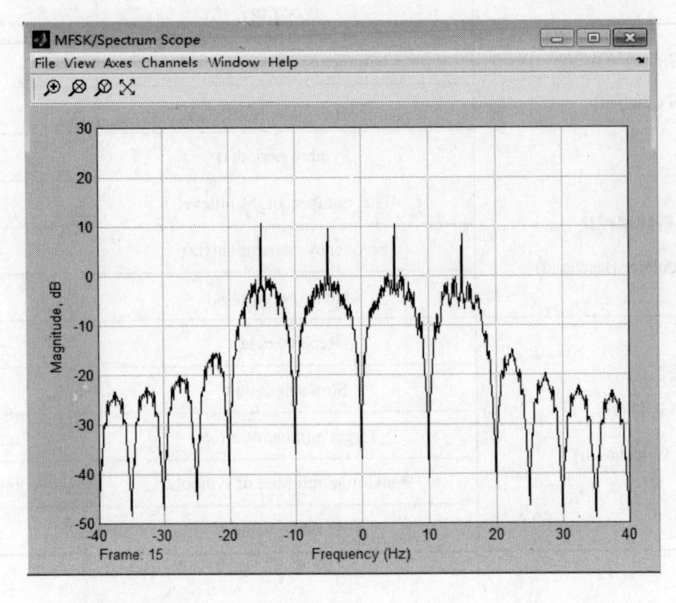

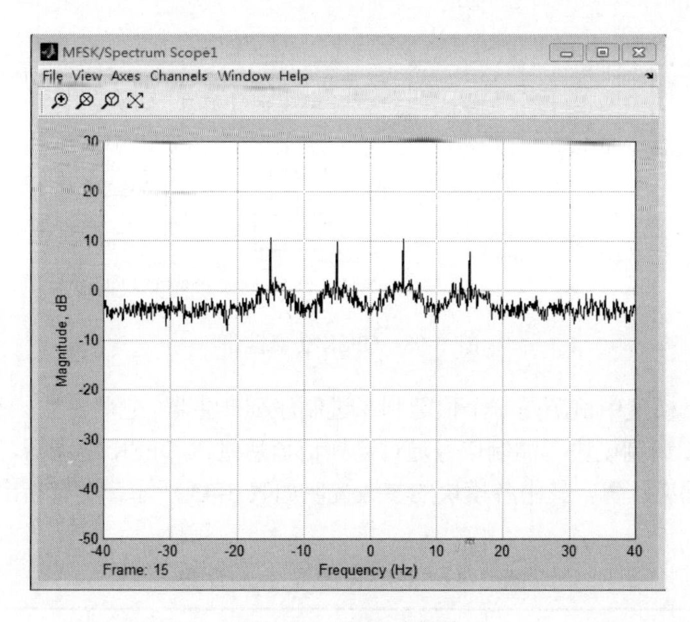

图 3-96　4FSK 功率谱

误码率性能曲线如图 3-97 所示，由图可知，其 4FSK 调制的理论误码曲线与仿真的曲线基本相同。

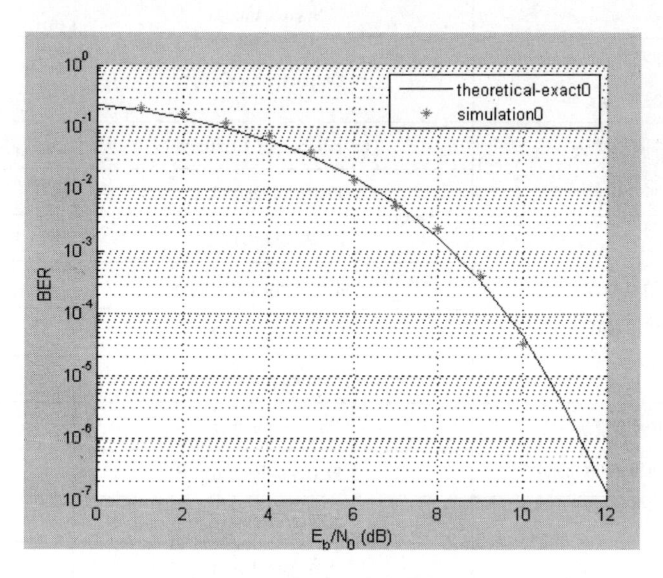

图 3-97　4FSK 误码率性能曲线

3.2.9　MPSK 调制/解码模块的验证及分析

在实际应用中，最常用的为 QPSK 的调制方式，在此将设计一个 QPSK 的仿真模型，以衡量 QPSK 在高斯白噪声信道中的性能。仿真模型如图 3-98 所示。

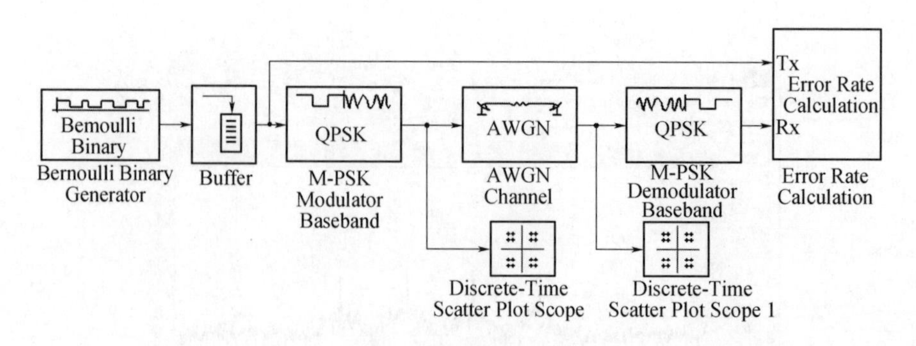

图 3-98　QPSK 仿真链路

在这个仿真模型中信源是一个伯努利二进制序列产生器，它将产生一个二进制序列，然后进入 QPSK 调制模块，调制信号通过高斯信道后进入 QPSK 解调器，生成的信号与原信号进行误码率计算，其中各模块的参数说明如表 3-43 所示，没有指出的模块均采用默认值。

表 3-43　QPSK 模型参数设置

模块名	参数名	参数值
伯努利二进制信号发生器 (Bernoulli Binary Generator)	Probability of a zero	0.5
	Initial seed	12345
	Sample time	0.1
缓冲器 (Buffer)	Output buffer size	2
MPSK 基带调制模块 (M-PSK Modulator Baseband)	The_number_of_Multilevel	4
	Phase_offset(rad)	Pi/4
高斯信道 (AWGN Channel)	E_b/N_0(dB)	E_bN_0
	Number of bits per symbol	2
	Input signal power	1
	Symbol period(s)	0.2
MPSK 基带解调模块 (M-PSK Demodulator Baseband)	M_arry number	4
	Phase_offset(rad)	Pi/4
误码率计算仪 (Error Rate Calculation)	Receive delay	0
	Stop simulation	check
	Target number of errors	maxNumErrs
	Maximum number of symbols	maxNumBits
	Variable name	BerPSK

运行误码率分析工具，得到调制后信号的功率谱和加入高斯白噪声后的星座图如图 3-99 所示。

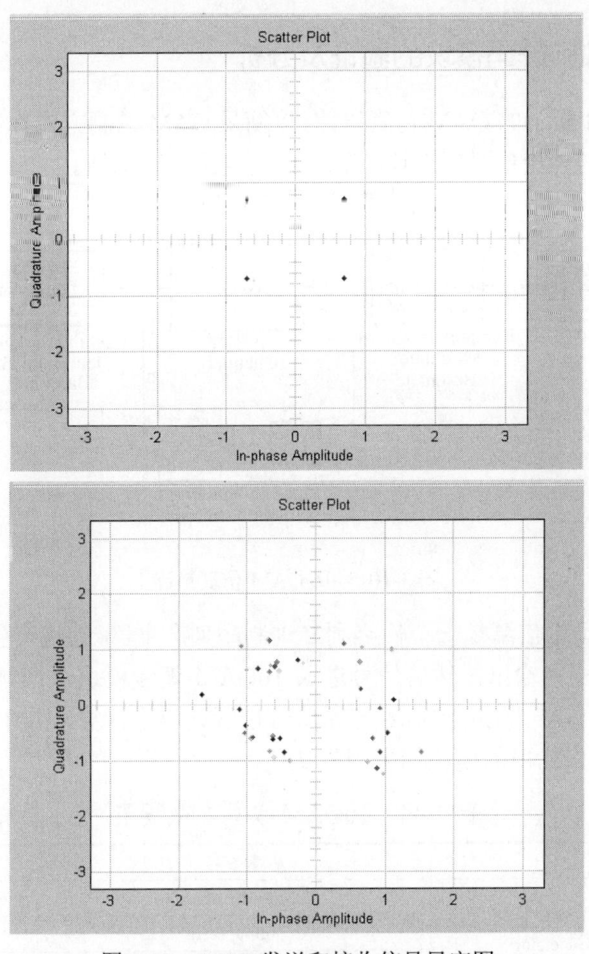

图 3-99　QPSK 发送和接收信号星座图

打开 Matlab 中的误码率分析工具 bertool，对 QPSK 调制进行性能曲线的分析，得到理论误码率曲线和仿真误码率曲线，如图 3-100 所示，通过比较可知此模块能满足设计的要求。

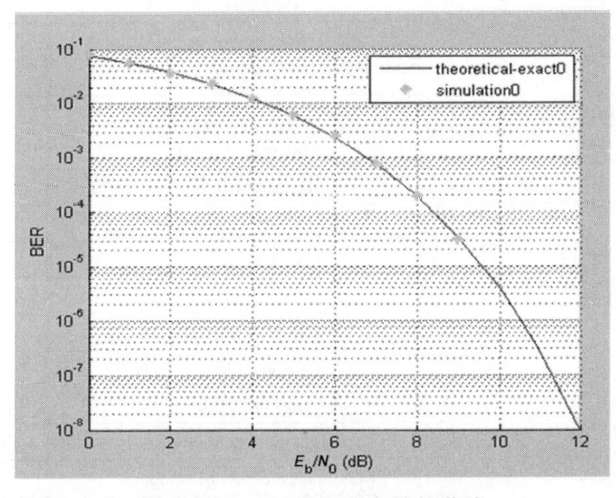

图 3-100　QPSK 误码率性能曲线

3.2.10 QAM 调制/解码模块的验证及分析

设计如图 3-101 所示的 QAM 仿真链路，以衡量 QAM 调制方式在高斯信道下的性能，并将结果与 QAM 的理论值进行对比，验证仿真链路的正确性。

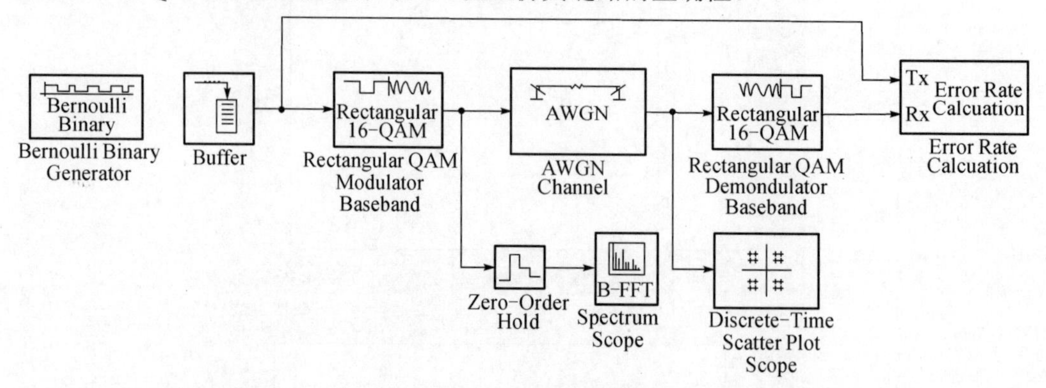

图 3-101　16 QAM 仿真链路

在这个仿真模型中信源是一个伯努利二进制序列产生器，它将产生的比特流输入 4bit 的 buffer 进行串并变换输出，然后信号进入 16QAM 调制模块，调制信号通过高斯信道后进入 16QAM 解调器，生成的信号与原信号进行误码率计算，其中各模块的参数说明如表 3-44 所示，没有指出的模块均采用默认值。

表 3-44　16QAM 模型参数设置

模块名	参数名	参数值
伯努利二进制信号发生器 (Bernoulli Binary Generator)	Probability of a zero	0.5
	Initial seed	12345
	Sample time	1/320
缓冲器 (Buffer)	Output buffer size	4
矩形 QAM 基带调制模块 (Rectangular QAM Modulator Baseband)	M-ary number	16
	Input type	Integer
	Normalization	Average Power
	Average power	1
高斯信道 (AWGN Channel)	E_b/N_0(dB)	E_bN_0
	Number of bits per symbol	4
	Input signal power	1
	Symbol period(s)	1/80
矩形 QAM 基带解调模块 (Rectangular QAM Demodulator Baseband)	M_arry number	16
	Normalization	Average Power
	Average power	1
	Phase_offset(rad)	0
误码率计算仪 (Error Rate Calculation)	Receive delay	0
	Stop simulation	check
	Target number of errors	maxNumErrs
	Maximum mumber of symbols	maxNumBits
	Variable name	BerQAM

运行误码率分析工具，得到调制后信号的功率谱和加入高斯白噪声后的星座图，如图 3-102 所示。

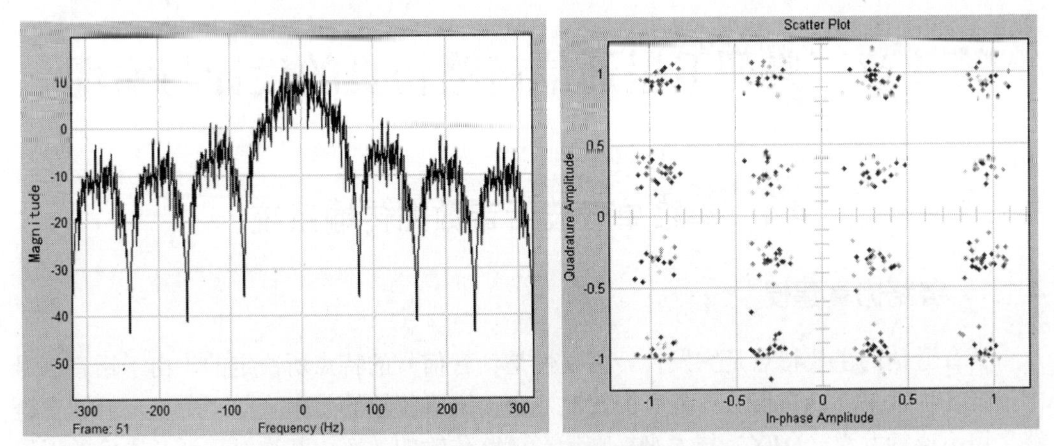

图 3-102　16QAM 发送信号功率谱和接收信号星座图

打开 Matlab 中的误码率分析工具 bertool，对 16QAM 调制进行性能曲线的分析，得到理论误码率曲线和仿真误码率曲线如图 3-103 所示。

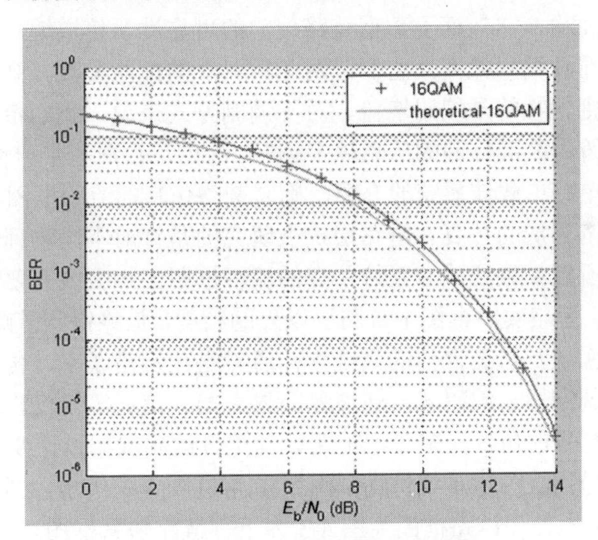

图 3-103　16QAM 误码率性能曲线

第 4 章　典型卫星通信链路仿真的设计与实现

4.1　单路单载波话音数据传输系统

4.1.1　链路仿真建模

话音通信的主要特点是突发性。突发性是话音信号的特点所决定的，由于话音信号的浊音（也就是高能量信号）具有突发性，会使链路传输的效率降低，所以一般话音链路采用不连续发送（DTX）技术来提高话音链路传输的效率。其次对于话音通信的误码率指标要求较低，一般设计链路能达到 10^{-3}~10^{-4} 就可以满足基本的通信需求。

数据通信对传输的可靠性要求较高，数据链路的编码和调制方式相对于语音链路的来说性能要高一些。数据链路设计要达到的误码率指标为 10^{-5}~10^{-6}。信道编码在数据链路中的重要性不言而喻，它保证了数据链路传输的可靠性，信道编码中两个重要的衡量指标分别是编码增益和编码效率，它们是两个相对立的性能参数。高的编码增益牺牲的是编码效率，反之则牺牲的是编码增益。对于调制方式来说，我们希望它能在满足设计指标的基础上每个符号波形传递的信息越多越好，这也是数据基带传输链路设计的难点。

根据第一章对单路单载波系统的介绍，确立链路仿真的流程框图。Simulink 平台主要针对通信系统中链路层的仿真。链路层次上研究的是针对不同物理信道中的信息承载波形的传输问题。所以如果要确立系统仿真的流程框图，那么就需要从实际通信系统的结构框图抽象出来，忽略实际框图中链路层以外的结构，最终得到链路仿真的流程框图。

对于数字通信系统，仿真评估的系统指标通常是比特错误率、传输速率等。在仿真模型中的模块，如调制器、编码器、滤波器、放大器、信道等仅仅作功能性描述，通过对输入输出波形或符号的仿真，来验证链路设计是否达到预期设计要求的性能指标。

根据实际链路结构框图，系统仿真框图如图 4-1~图 4-3 所示。图 4-1 为上行链路仿真框图，图 4-2 为星上处理链路框图，图 4-3 为下行链路仿真框图。

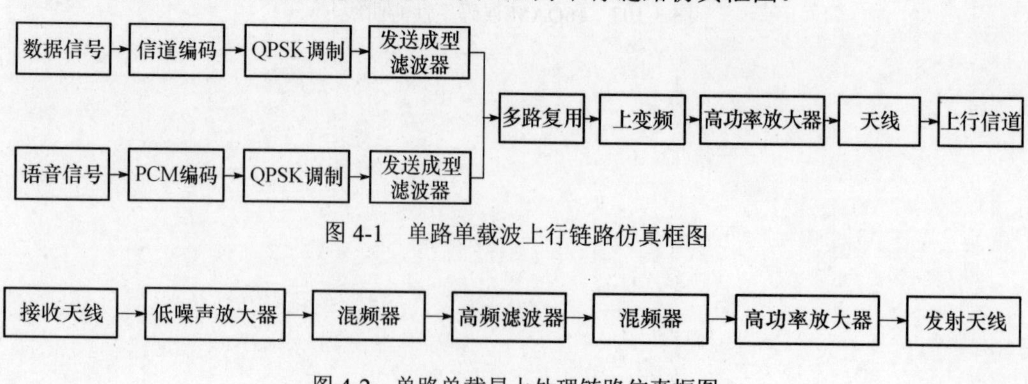

图 4-1　单路单载波上行链路仿真框图

图 4-2　单路单载星上处理链路仿真框图

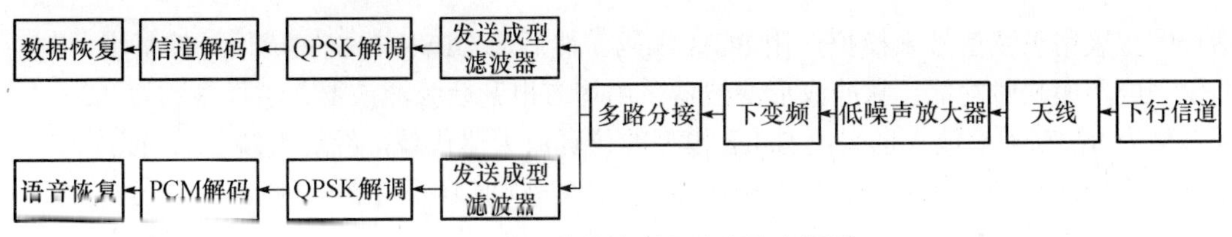

图 4-3　单路单载波下行链路仿真框图

4.1.2　链路实现及验证

在 INTELSAT 中，对于 PCM-SCPC 系统已有统一的规范，如表 4-1 所示。

表 4-1　PCM-SCPC 规范

语音基带处理	7bA 律 A=87.6 8kHz 抽样 PCM
数据基带处理	3/4 卷积码
信道调制方式	QPSK
传输速率(Kb/s)	64(含报头)
上行载频(GHz)	6
下行载频(GHz)	4
RF 通信带宽(kHz)	45
发送端和接收端的距离(km)	35600

根据图 4-1、图 4-2、图 4-3 搭建仿真链路，利用仿真平台模块库中的模块，建立 SCPC 卫星通信系统的仿真模型，如图 4-4 所示。

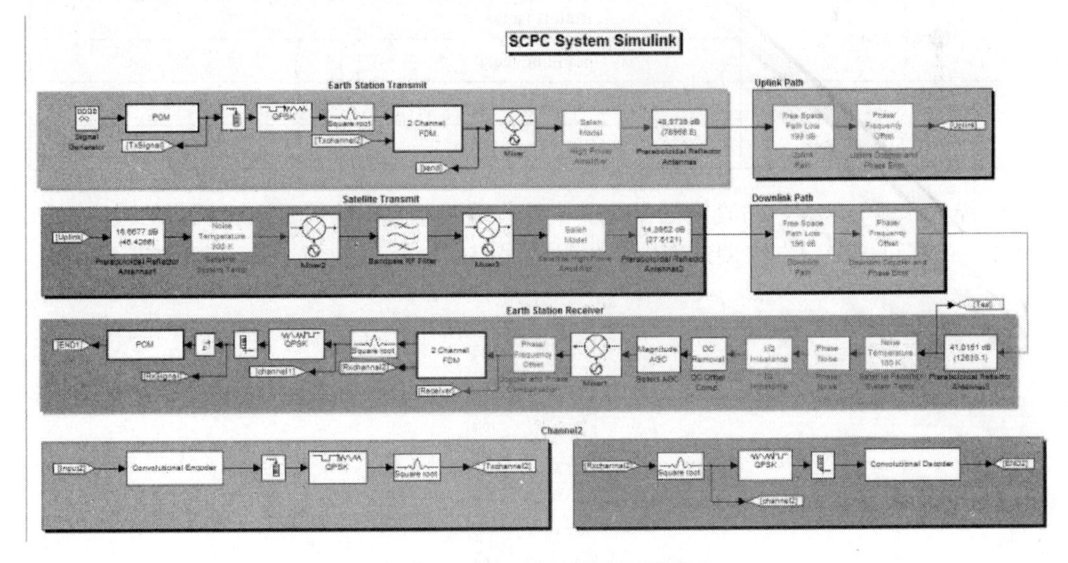

图 4-4　SCPC 卫星链路仿真模型

在这个仿真的系统模型中，组成该系统的地球站发送端包括信源、调制、脉冲成形、功率放大、天线辐射。在这个系统采用了两路信号复用，第一路是话音信号，第二路是数据信号。传输的数据采用 Bernoulli 分布的随机序列进行模拟，用 3/4 卷积码进行编码；

话音信号采用正弦信号来模拟，用 PCM 编码。然后用 QPSK 模块完成信号的基带调制，即仅完成星座映射功能；脉冲成形滤波器采用均方根升余弦滤波器，滚降系数为 0.2，内插系数为 8；高功率放大器采用 Saleh 模型的仿真放大器代替，经过天线之后发射出去。上行链路的载频是 6GHz，存在自由传输损耗、多普勒频移和相位偏移。

星上采用透明转发器，透明转发器收到地面发来的信号之后，只进行了低噪声放大、变频和功率放大，不做任何加工处理，只是单纯地完成转发的任务；在仿真中进行低噪声放大和高功率放大，高功率放大用 Saleh 模型仿真的 AM/AM、AM/PM 特性，假设卫星转发器接收天线增益为 26.3dB，发射天线增益为 20.3dB，接收系统的噪声温度设为 575K。

下行信道同上行信道包括的模块是一致的，但载频为 4GHz。接收系统包括天线模块、接收等效效声温度模块、均方根升余弦接收滤波器模块、PCM 解码模块、3/4 卷积码解码模块、GPSK 解调模块等。

其中主要模块的部分参数如表 4-2 所示。

表 4-2　参数说明

模块名	参数名	参数值
PCM 模块 (PCM model)	Sample_time	1/8000
QPSK 调制器模块 (QPSK Modulator)	The_number_of_multilevel	4
	Phase_offset(rad)	Pi/4
均方根滤波器 (Square root)	Group delay	6
	Rolloff factor	0.2
	Upsamling factor	8
2 信道频分复用模块 (2-channel_FDM_maker)	Frequency_offset	4.5e4
	Sample_frequncy(Hz)	32000

运行仿真模型，观察仿真的结果，其中接收端两路收到的信号在解调前的星座图如图 4-5 所示，可以确定在解调过程中，信号的误码率很低。

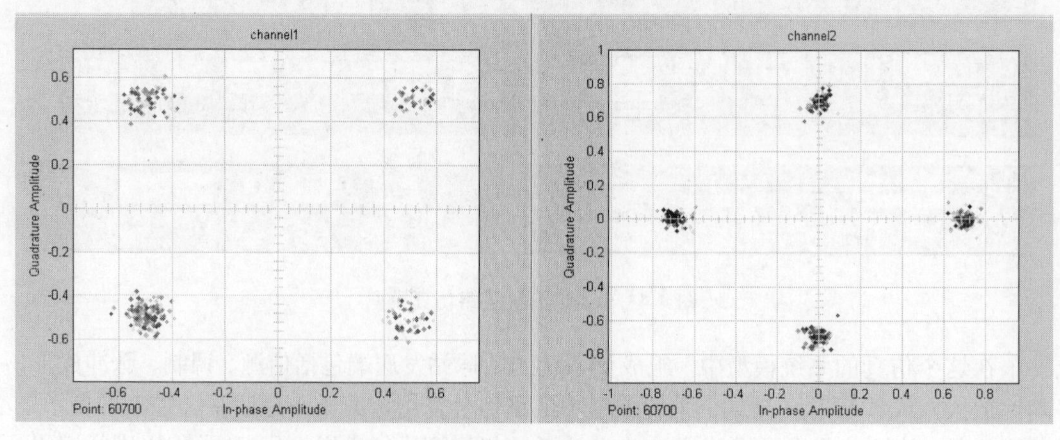

图 4-5　星座图

通过时延查找功能模块，运行后的结果如图 4-6 可以判定，系统的时延为 26（bit），然后把误码率分析模块的 receive delay 参数设置为 26，其接收信号与发送信号的误码率如图 4-6 所示。

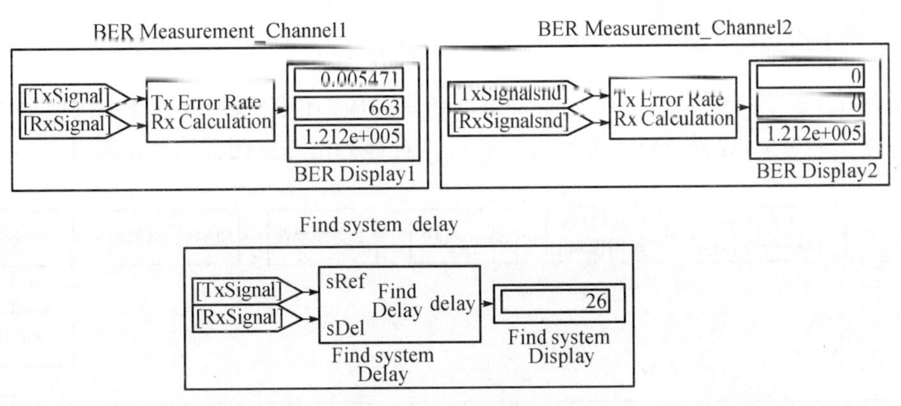

图 4-6　仿真结果

从接收端接收的信号和原始信号的比较如图 4-7 所示，通过观察可以知道经过一定的时延后，该系统能够实现对发送信号的恢复。

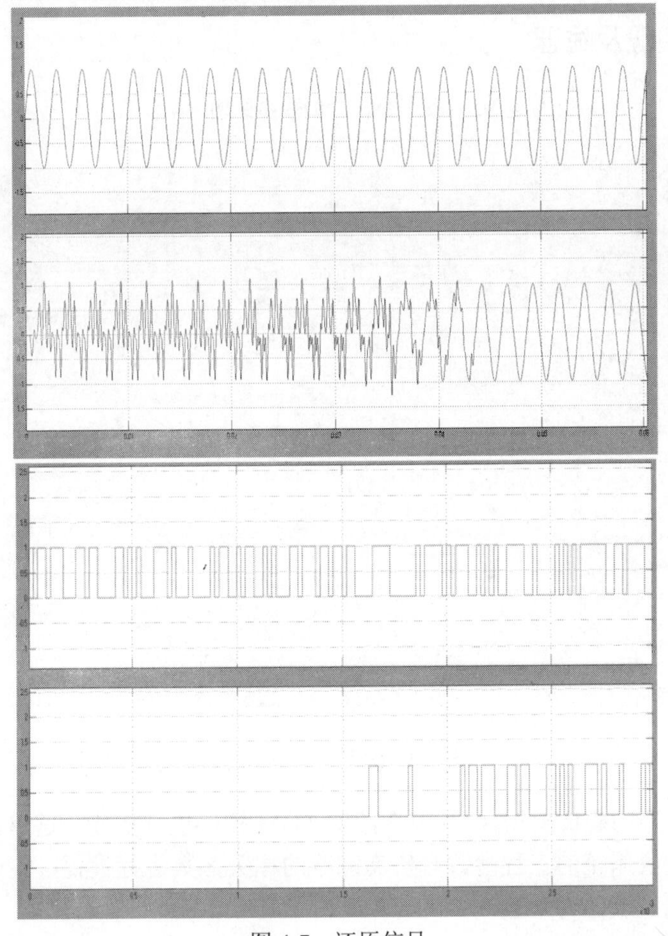

图 4-7　还原信号

4.2 中等数据速率传输系统

4.2.1 链路仿真建模

根据 1.3.2 节的介绍，对 IDR 系统进行仿真建模，链路基带数据速率采用 64Kb/s，仿真链路主要针对 32 路 TDM 过程进行实现，具体的仿真框图如图 4-8 所示。

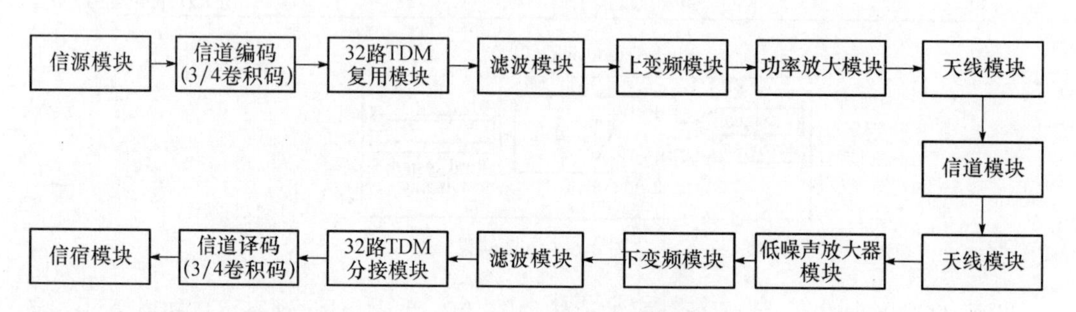

图 4-8　IDR 系统仿真链路框图

4.2.2 链路实现及验证

根据图 4-8 的仿真框图建立仿真系统，如图 4-9 所示。

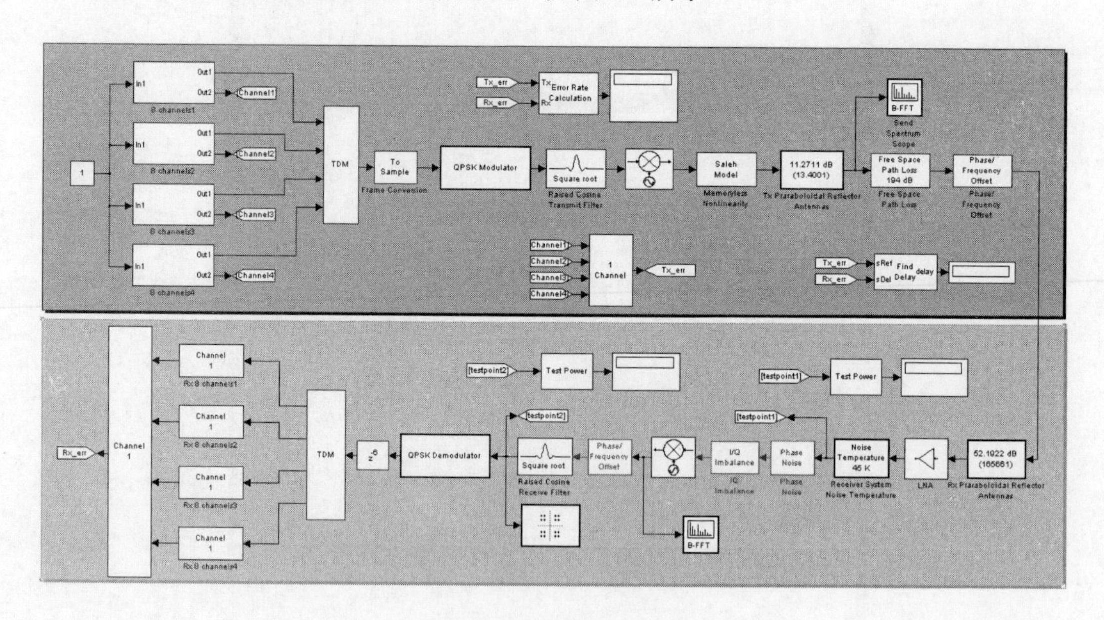

图 4-9　IDR 系统仿真链路

32 路 TDM 复用模块采用 3.1.5 节介绍的 TDM 模块进行搭建，这里就不再赘述。

选取卫星接收系统的工程参数对仿真链路的相关参数进行设置，验证仿真链路的正确性。系统工程参数如表 4-3。

表 4-3　卫星接收系统工程参数

目标卫星	接收站	接收系统		
		频谱仪	变频器	解调器
定点：60°E		信号载频：3907MHz	增益：20dB	信号体制：IDR
卫星名称：INTELSAT 604	天线增益:G=52dB 天线噪声温度： T_a=45K(10 度仰角)	C/N：15dB	入口频率：3907MHz	调制方式：QPSK
	低噪声放大器(LNA)： G=61dB；T=35K	信号电平：-70.18dBm	输出频率：70MHz	FEC：3/4 卷积维特比译码
				接收数据速率：2.048Mb/s
				符号速率：1.429MB(0.43)
				信号电平：-32dBm
				电平动态范围：-30~-60dBm

1. 参数设置

接收站天线参数配置，如图 4-10 所示。

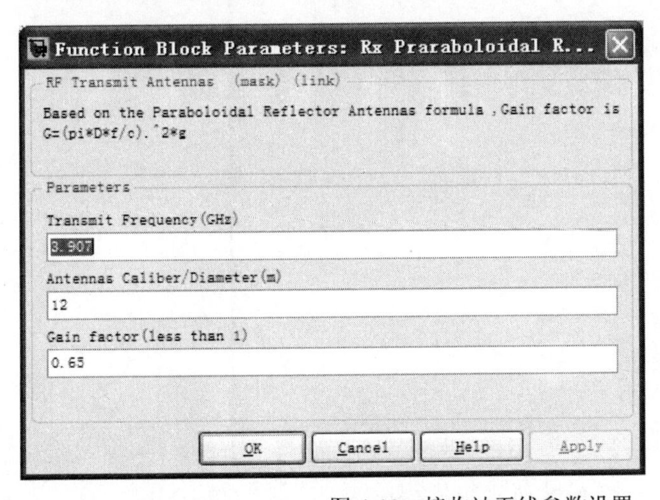

图 4-10　接收站天线参数设置

接收站低噪声放大器的配置参数如图 4-11 所示。

Function Block Parameters: Amplifier

Amplifier (mask) (link)

Complex baseband model of amplifier with noise.

In addition to Linear amplifier, this block has five different methods to model the nonlinear amplifier.

Two of the nonlinear methods (Cubic Polynomial and Hyperbolic Tangent) fit curves to measured data provided by the gain and third order intercept point (IIP3) parameters. They generate a linear AM/PM characteristic within the user-specified input power limits. Outside those limits, the AM/PM is constant.

The other three nonlinear methods use models originated by Saleh, Ghorbani, and Rapp. The Saleh and Ghorbani models are based on normalized nonlinear transfer functions. Use the Input scaling and Output scaling parameters to adjust signal levels up or down from their normalized values.

The amount of noise added to the output signal may be specified either in terms of noise temperature, noise figure, or noise factor.

Parameters

Method: Linear

Linear gain (dB):

61

Specification method: Noise temperature

Noise temperature (K):

35

Initial seed:

67987

OK Cancel Help Apply

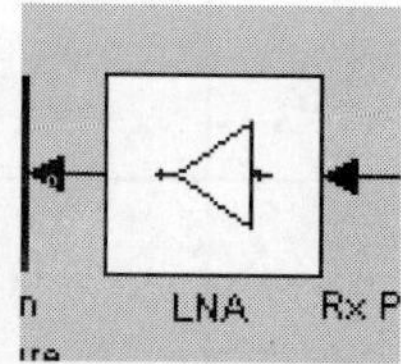

图 4-11 低噪声放大器的配置参数

下变频器参数设置如图 4-12 所示。

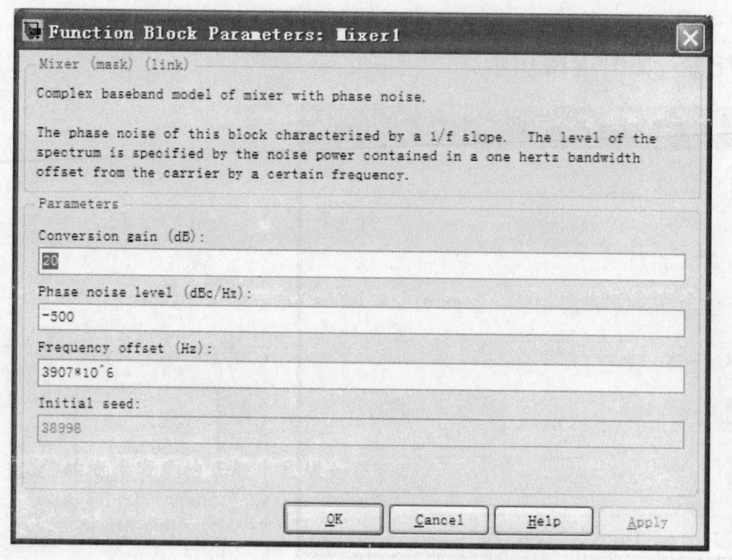

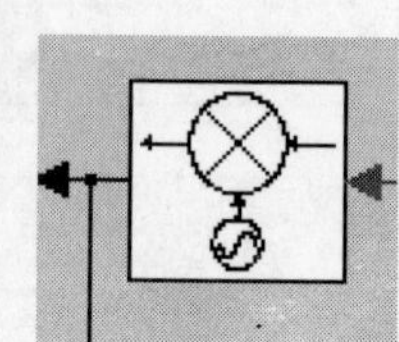

图 4-12 下变频器参数设置

接收系统噪声温度参数设置如图 4-13 所示。

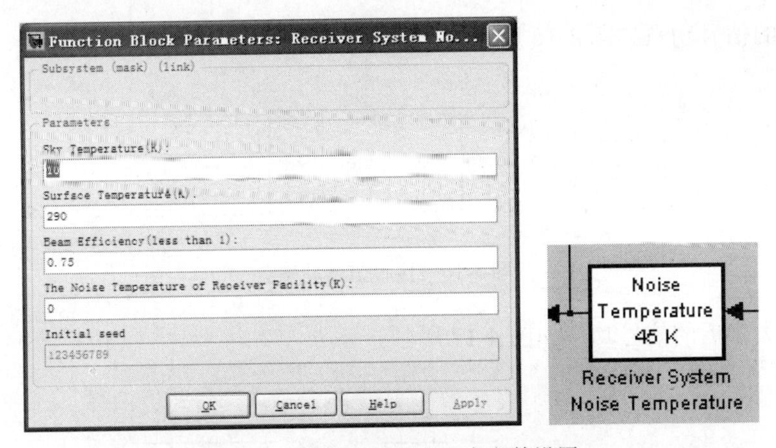

图 4-13　接收系统噪声温度参数设置

信源速率参数设置如图 4-14 所示。

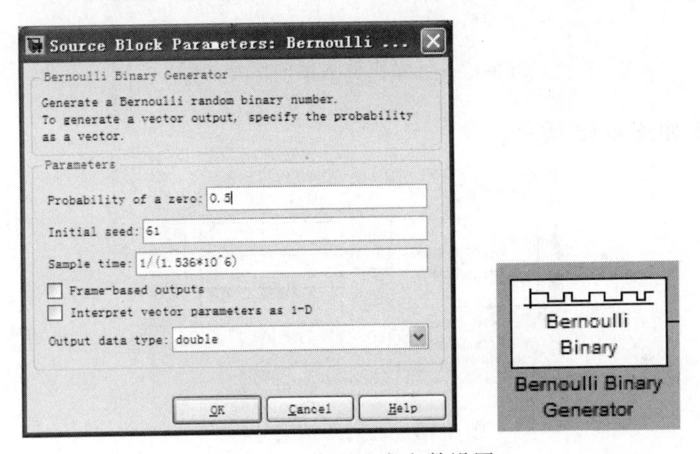

图 4-14　信源速率参数设置

2. 测试结果

系统测试结果如图 4-15 所示。

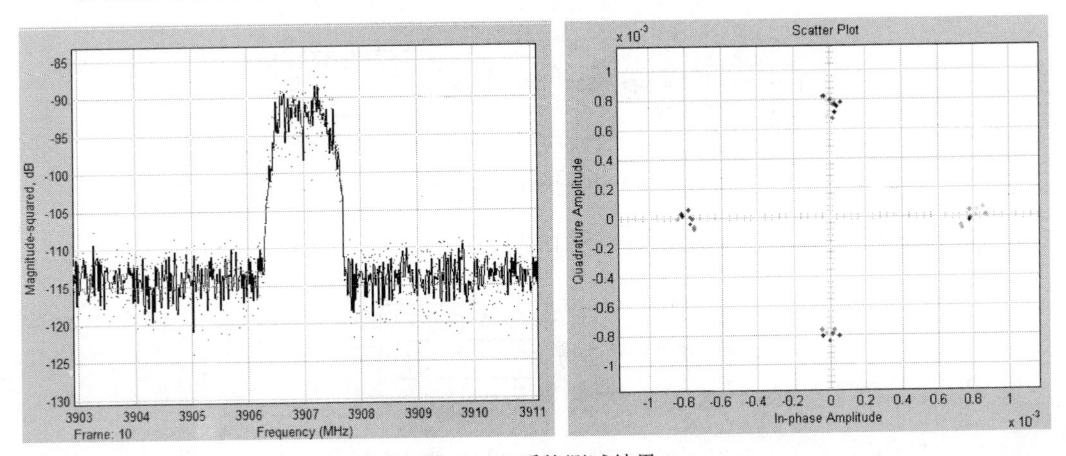

图 4-15　系统测试结果

解调前的信号功率如图 4-16 所示。

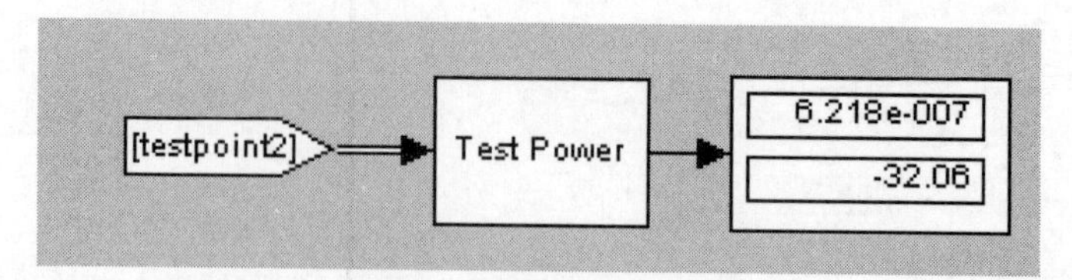

图 4-16　接收信号功率

低噪放大器后的信号功率如图 4-17 所示。

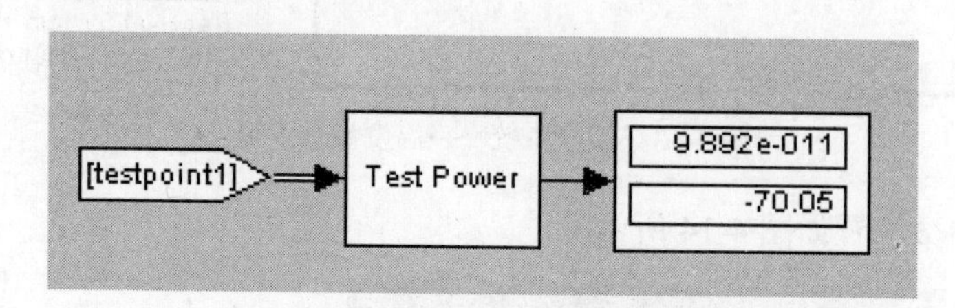

图 4-17　低噪声放大器的信号功率

系统误码率如图 4-18 所示。

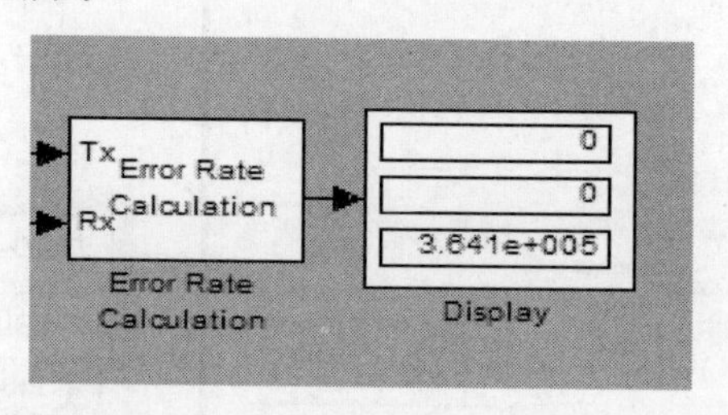

图 4-18　误码率结果分析

当天线调整为直径 3m 时，测试结果如下。
解调前的信号功率如图 4-19 所示。

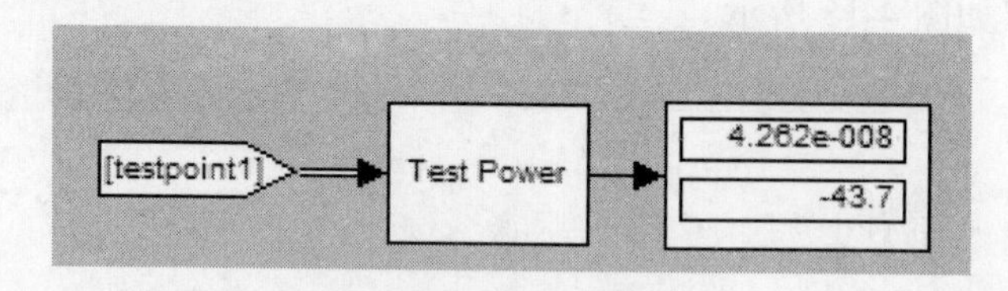

图 4-19　接收信号功率

低噪声放大器后的信号功率如图 4-20 所示。

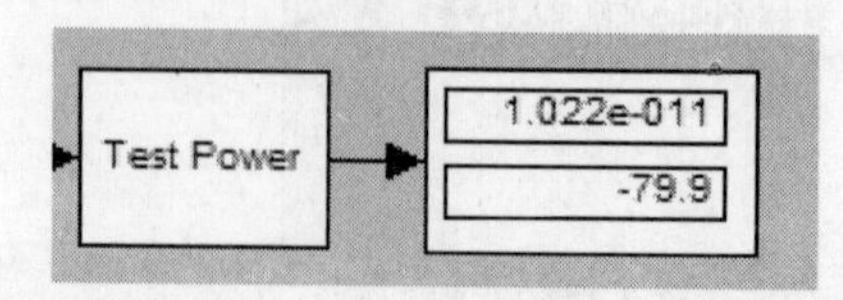

图 4-20　低噪声放大器后的信号功率

天线参数设置如图 4-21 所示。

Function Block Parameters: Rx Praraboloidal R...

RF Transmit Antennas (mask) (link)

Rx Praraboloidal Reflector Antennas formula ,Gain factor is G=(pi*D*f/c).^2*g

Parameters

Transmit Frequency(GHz)

3.907

Antennas Caliber/Diameter(m)

3

Gain factor(less than 1)

0.65

OK Cancel Help Apply

39.909 dB
(9792.64)
Rx Praraboloidal Reflector Antennas

图 4-21　天线参数设置

更改参数后的星座图和功率谱如图 4-22 所示。

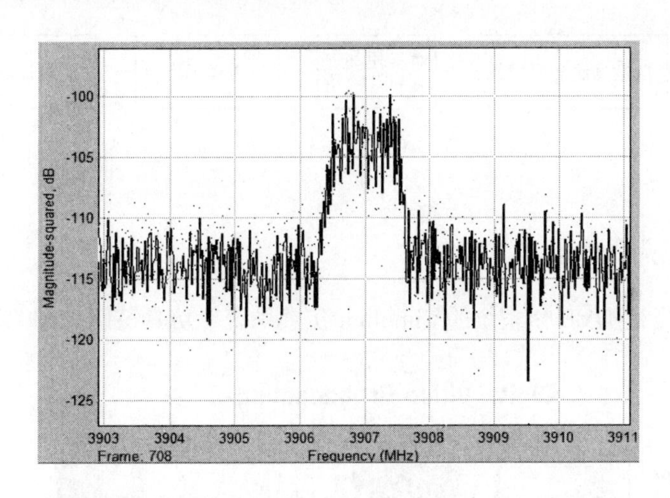

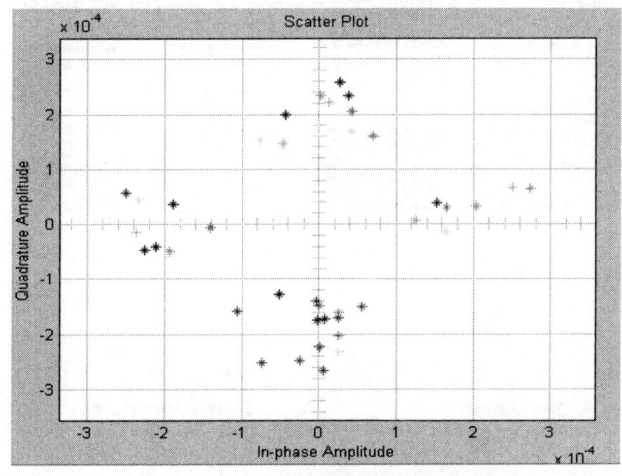

图 4-22　接收信号的功率谱和星座图

4.3 DVB-S 卫星广播链路

4.3.1 链路仿真建模

根据 1.3.3 节的介绍，DVB-S 卫星广播链路可以抽象出如图 4-23 所示的仿真模型框图，链路主要分信源、组帧、编码、调制等几部分。信号经过高斯信道模型后经过接收链路还原原始信号，通过改变信噪比得到误码率性能指标，将结果与理论值或工程实践值进行对比，验证仿真链路的正确性。

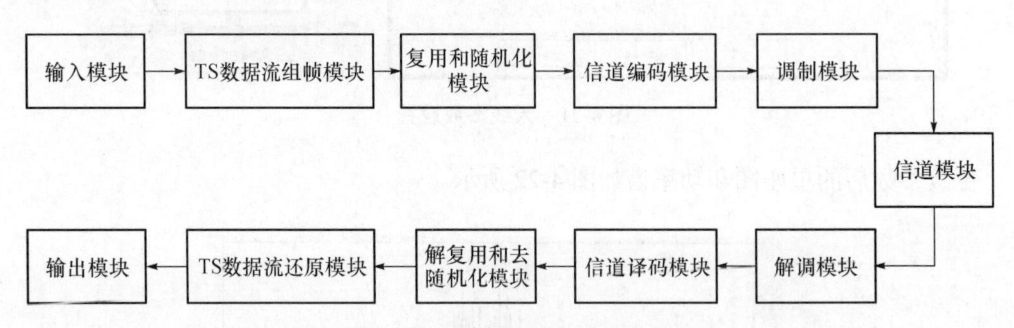

图 4-23　DVB-S 卫星链路模型仿真框图

4.3.2 链路实现及验证

根据图 4-8 搭建 DVB-S 系统的 Simulink 仿真系统。仿真链路如图 4.24 所示。

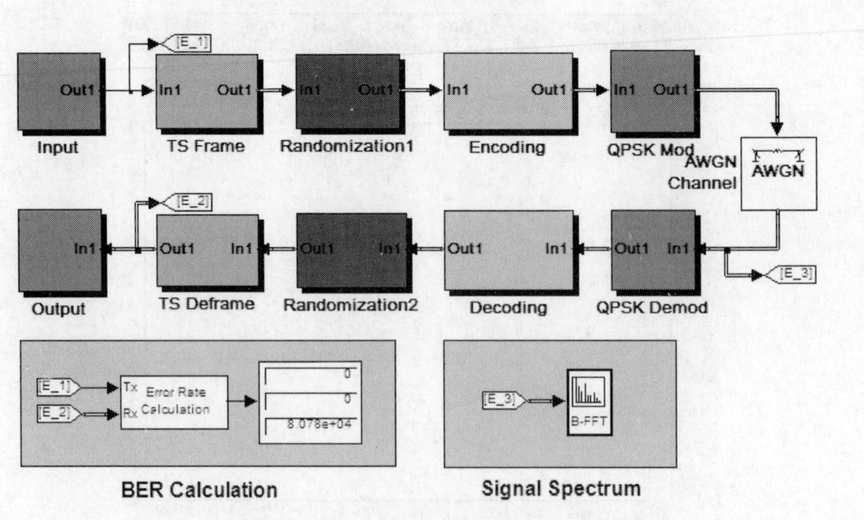

图 4-24　DVB-S 系统 Simulink 仿真框图

图 4-24 中，发射端首先读取一个文件（比如 MPEG2 视频文件），然后经过 TS 成帧形成 TS 数据流，TS 数据流格式如图 1-20 所示。TS 数据流经过进一步复用成为超帧，然后进行加扰达到能量扩散的目的，随后经过信道编码、QPSK 调制、上变频发射出去。信号通过信道到达接收端，接收端接收到信号后，经过下变频、QPSK 解调、信道译码、解复用和解扰，最后还原出原始的 MPEG2 视频文件。

下面对仿真中用到的各个模块及其参数设置介绍，并对仿真结果进行说明。

1. 模块参数设置

1) 输入模块

输入模块(Input)主要作用是读取数据文件，这里以 MPEG 视频文件 BBC Science.mpg 为例。

用到的主要仿真模块有 Read Binary File，其仿真框图如图 4-25 所示。

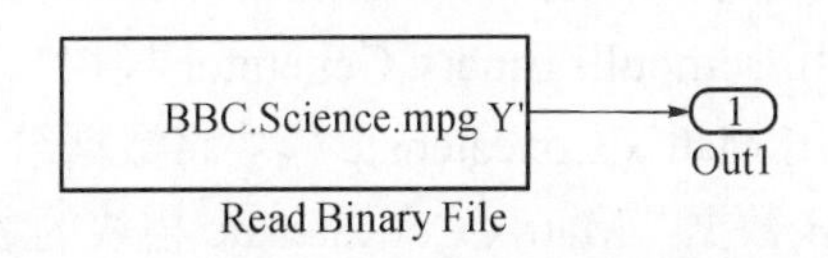

图 4-25　输入模块仿真框图

MPEG 文件按照成帧格式输出，每帧分为报头和数据两部分，报头为 4B，有数据部分为 184B。按照 DVB-S 的格式要求，数据的传输速率为 6.11Mb/s，经过换算后取 MPEG2 文件的采样周期为 2.4092e-04s/帧。按照上述参数对文件读取模块（Read Binary File）的进行参数参数设置，如图 4-26 所示。

Source Block Parameters: Read Binary File

Read Binary File

Read binary video data from file in the specified format.

Parameters

File name: d:\My Documents\MATLAB\BBC.Science.mpg　Browse...

Video format: Four character codes

Four character code: GREY

Frame size　Rows: 184　Cols: 1

Line ordering: Top line first

Number of times to play file: 1

☐ Output end-of-file indicator

Sample time: 2.4092e-04

OK　Cancel　Help　Apply

图 4-26　数据文件读取参数设置对话框

2) TS 数据流成帧模块

TS 数据流成帧模块的主要作用是将读取的数据文件按照 TS 数据流格式进行成帧。仿真框图如图 4-27 所示。

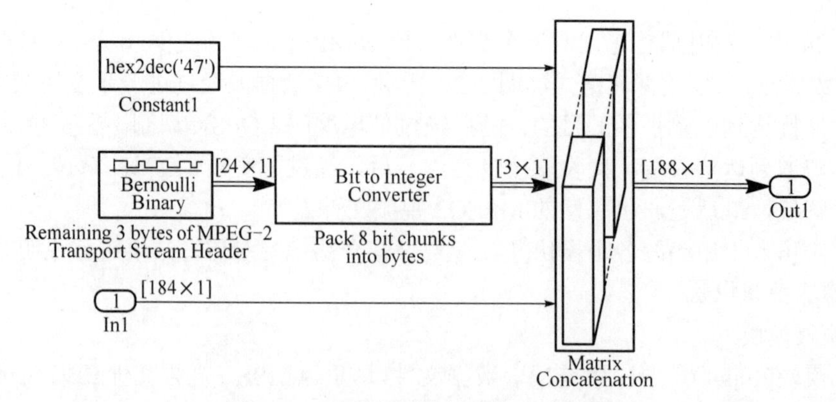

图 4-27　TS 数据流成帧模块仿真框图

其中，选用一个 Constant 模块来作为 TS 流文件同步头字节（0x47）生成器，其参数配置如图 4-28 所示；使用 Bernoulli Binary Generator 模块来产生 3B 的 TS 流文件头，参数配置如图 4-29 所示；使用 Matrix Concatenate 模块将数据组合起来构成 TS 数据流文件的一个帧，每帧包含有 188B 数据，Matrix Concatenate 模块的参数配置如图 4-30 所示。

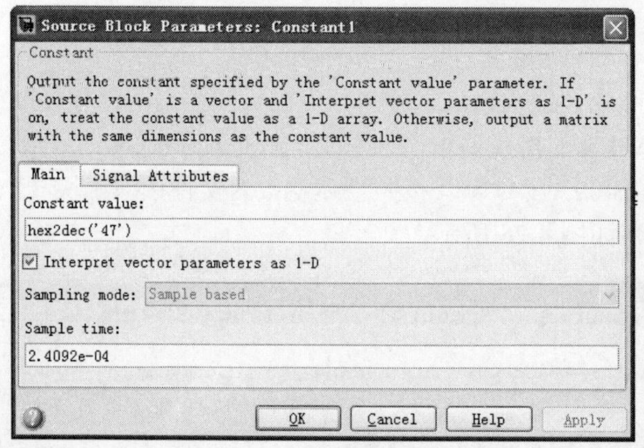

图 4-28　Constant 模块参数配置

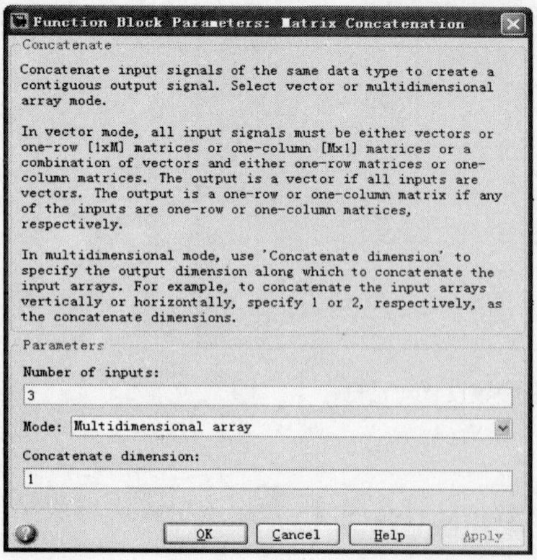

Function Block Parameters: Matrix Concatenation

Concatenate

Concatenate input signals of the same data type to create a contiguous output signal. Select vector or multidimensional array mode.

In vector mode, all input signals must be either vectors or one-row [1xM] matrices or one-column [Mx1] matrices or a combination of vectors and either one-row matrices or one-column matrices. The output is a vector if all inputs are vectors. The output is a one-row or one-column matrix if any of the inputs are one-row or one-column matrices, respectively.

In multidimensional mode, use 'Concatenate dimension' to specify the output dimension along which to concatenate the input arrays. For example, to concatenate the input arrays vertically or horizontally, specify 1 or 2, respectively, as the concatenate dimensions.

Parameters

Number of inputs:

3

Mode: Multidimensional array

Concatenate dimension:

1

OK　Cancel　Help　Apply

图 4-29　TS 数据流头文件生成器参数配置

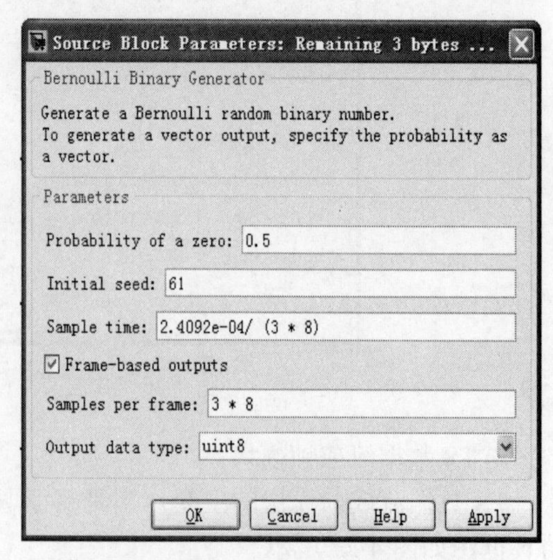

图 4-30　Matrix Concatenate 模块参数配置

3) 复用和随机化模块

根据 DVB-S 标准要求，传送复用包数据流首先进行复用适配，将每 8 帧组成 1 个超帧，并将每个超帧中的第一帧的同步字节反转，即由 47H 变为 B8H。为了使数据具有通透性和防止卫星转发器对地面同频段通信设备的干扰，需要对数据进行随机化处理，使数据在任意时刻出现“1”和“0”的概率近似相等。在 DVB-S 中数据的随机化处理由伪随机二进制序列发射器及相应电路来完成，并规定伪随机二进制序列生成多项式为 $p(x)=1+x^{14}+x^{15}$。

仿真原理框图如图 4-31 所示。

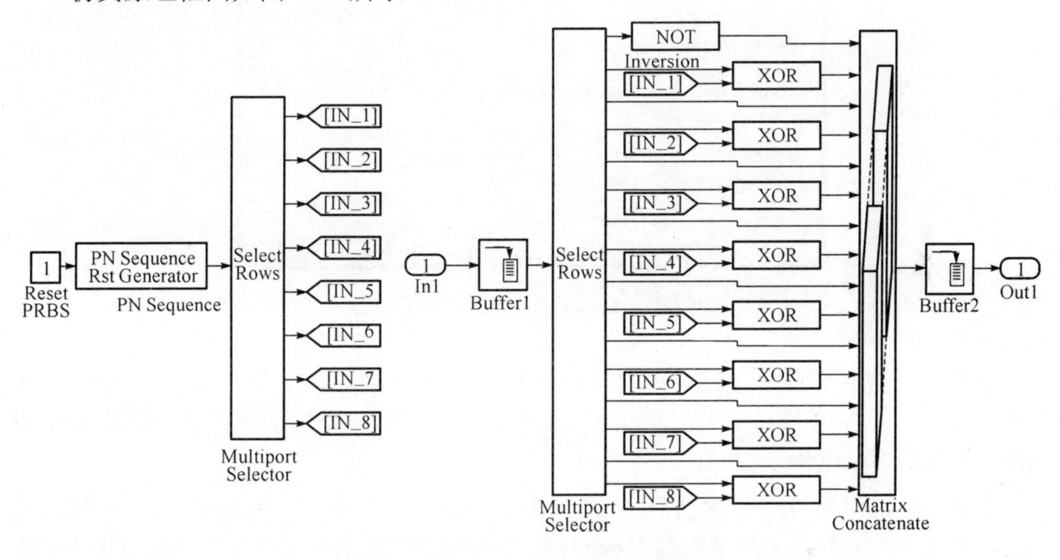

图 4-31　复用和随机化模块原理框图

其中，Buffer1 模块将帧复用为超帧，Output buffer size 参数设为 1504，其余参数值为 0；Buffer2 模块的 Output buffer size 参数设为 188，其余参数值为 0；Reset PRBS 模块用来对伪随机 M 序列进行复位，选用 Constant 模块，其参数设置如图 4-32 所示，PN Sequence 模块用来产生伪随机 M 序列，其参数设置如图 4-33 所示。

Source Block Parameters: Reset PRBS

Constant

Output the constant specified by the 'Constant value' parameter. If 'Constant value' is a vector and 'Interpret vector parameters as 1-D' is on, treat the constant value as a 1-D array. Otherwise, output a matrix with the same dimensions as the constant value.

Main　Signal Attributes

Constant value:

1

☐ Interpret vector parameters as 1-D

Sampling mode: Sample based

Sample time:

8*2.4092e-04

OK　Cancel　Help　Apply

图 4-32　Reset PRBS 模块参数设置

Function Block Parameters: PN Sequence

value' to produce an equivalent advance or delay in the output sequence.

For variable-size output signals, the current output size is either specified from the 'oSiz' input or inherited from the 'Ref' input.

Parameters

Generator polynomial: [15 14 0]

Initial states: [1 0 0 1 0 1 0 1 0 0 0 0 0 0 0]

Output mask source: Dialog parameter

Output mask vector (or scalar shift value): 15

☐ Output variable-size signals

Sample time: 8*2.4092e-04/1503

☑ Frame-based outputs

Samples per frame: 1503

☑ Reset on nonzero input

☑ Enable bit-packed outputs

Number of packed bits: 8

☐ Interpret bit-packed values as signed

Output data type: Smallest integer

OK　Cancel　Help　Apply

图 4-33　PN Sequence 模块参数设置

Multiport Selector1 的 Select 参数设置为 Rows，Indices to output 参数的值为{[1:187], [189:375], [377:563], [565:751], [753:939], [941:1127], [1129:1315], [1317:1503]}，Invalid index 参数为 Clip Index；

Multiport Selector2 的 Select 参数设置为 Rows，Indices to output 参数的值为{[1],[2:188],[189],[188+2:2×188],[2×188+1],[2×188+2:3×188],[3×188+1],[3×188+2:4×188],[4×188+1],[4×188+2:5×188],[5×188+1],[5×188+2:6×188],[6×188+1],[6×188+2:7×188],[7×188+1],[7×188+2:8×188]}，Invalid index 参数为 Clip Index。

比特 wise NOT 模块用来将超帧的第一字节进行 01 反转，其 Operator 参数选择 NOT。

比特 wise XOR 模块用来对数据加伪随机扰码，其 Operator 参数选择 XOR，Number of input ports 选择 2。

Matrix Concatenate 模块用来将数据进行合并，其 Number of inputs 参数为 16，Mode 选择 Multidimensional array，Concatenate dimension 参数值为 1。

需要注意的是，由于使用了 Buffer1 模块，此处会产生一个 1504B 的延时。

4) 信道编码模块

信道编码（Encoding）过程主要包括伪随机扰码、RS 编码、卷积交织编码和卷积编码等，其仿真框图如图 4-34 所示。

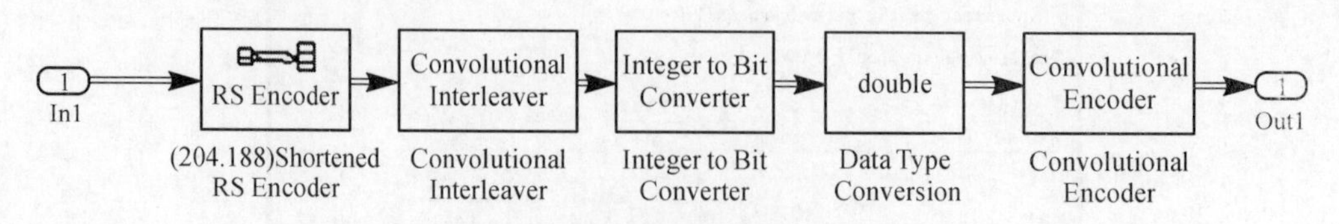

图 4-34　信道编码部分仿真框图

根据要求，在信道编码过程中，选用的 RS 码为 RS（204，188），RS 编码器的参数设置如图 4-35 所示；选用 12×17 的卷积交织，卷积交织器的参数设置如图 4-36 所示；整数型转化为二进制为 8bit 转换，其他模块参数选择默认。

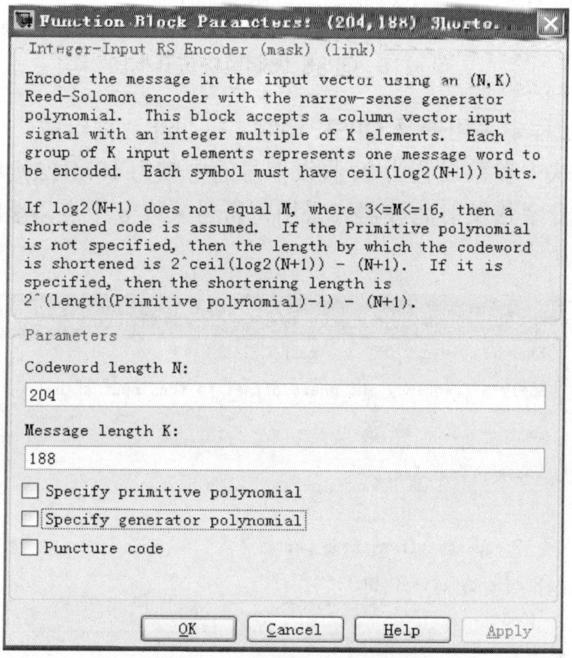

Function Block Parameters: (204,188) Shorte...

Integer-Input RS Encoder (mask) (link)

Encode the message in the input vector using an (N,K) Reed-Solomon encoder with the narrow-sense generator polynomial. This block accepts a column vector input signal with an integer multiple of K elements. Each group of K input elements represents one message word to be encoded. Each symbol must have ceil(log2(N+1)) bits.

If log2(N+1) does not equal M, where 3<=M<=16, then a shortened code is assumed. If the Primitive polynomial is not specified, then the length by which the codeword is shortened is 2^ceil(log2(N+1)) - (N+1). If it is specified, then the shortening length is 2^(length(Primitive polynomial)-1) - (N+1).

Parameters

Codeword length N:

204

Message length K:

188

☐ Specify primitive polynomial

☐ Specify generator polynomial

☐ Puncture code

OK Cancel Help Apply

图 4-35　RS 编码器参数设置

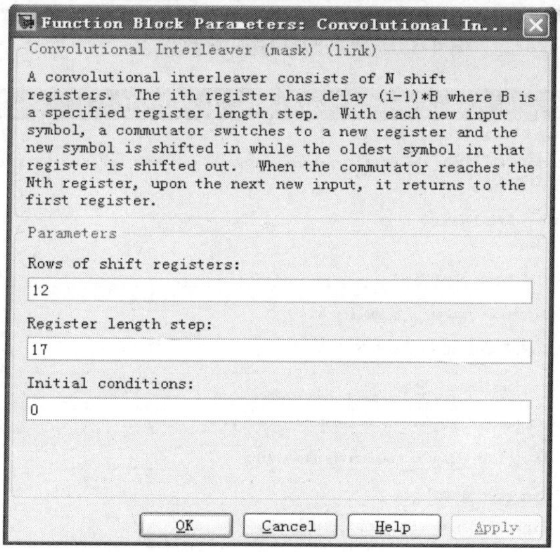

Function Block Parameters: Convolutional In...

Convolutional Interleaver (mask) (link)

A convolutional interleaver consists of N shift registers. The ith register has delay (i-1)*B where B is a specified register length step. With each new input symbol, a commutator switches to a new register and the new symbol is shifted in while the oldest symbol in that register is shifted out. When the commutator reaches the Nth register, upon the next new input, it returns to the first register.

Parameters

Rows of shift registers:

12

Register length step:

17

Initial conditions:

0

OK Cancel Help Apply

图 4-36　卷积交织器参数设置

5) 调制模块

调制模块(QPSK Mod)主要包括 QPSK 调制、平方根升余弦滤波器和上变频器等部分，其仿真框图如图 4-37 所示。

1
In1
Bit to Integer Converter
Bit to Integer Converter
QPSK
QPSK Modulator Baseband
Square root
Raised Cosine Transmit Filter
Phase/ Frequency Offset
Phase/ Frequency Offset
1
Out1

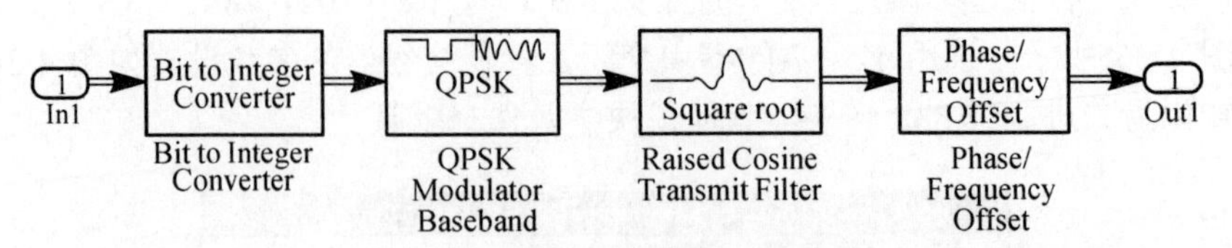

图 4-37　QPSK 调制模块仿真框图

由于信号传输过程中采用的是 QPSK 调制，每 2bit 数据组成一个符号，故在比特 to Integer Converter 模块中参数设置为 2；假设信号的中频为 10MHz,则频率搬移模块参数设置如图 4-38 所示。升余弦发射滤波器，采用每符号采样 8 个点，滚降因子采用 0.35，其参数设置如图 4-39 所示。

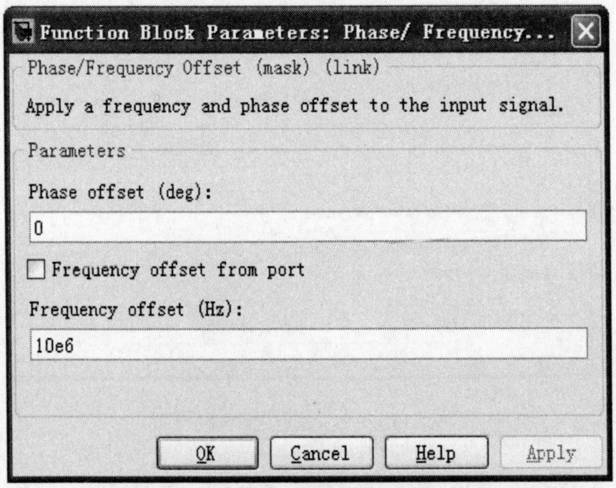

Function Block Parameters: Phase/ Frequency...
Phase/Frequency Offset (mask) (link)
Apply a frequency and phase offset to the input signal.
Parameters
Phase offset (deg):
0
Frequency offset from port
Frequency offset (Hz):
10e6
OK
Cancel
Help
Apply

图 4-38　频率搬移模块参数设置

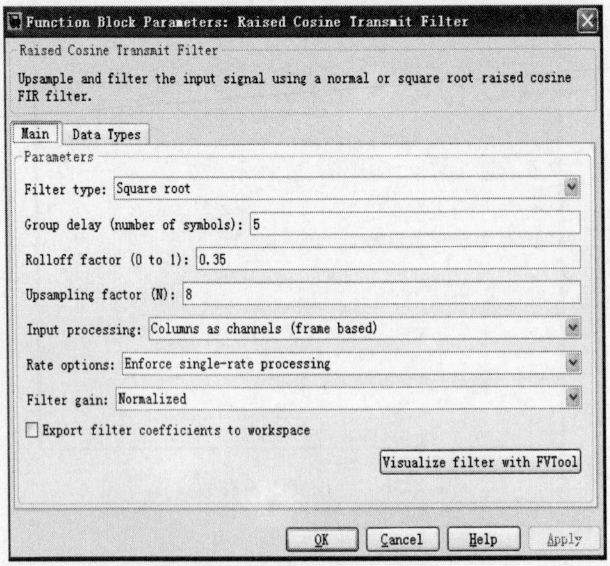

Function Block Parameters: Raised Cosine Transmit Filter
Raised Cosine Transmit Filter
Upsample and filter the input signal using a normal or square root raised cosine FIR filter.
Main
Data Types
Parameters
Filter type: Square root
Group delay (number of symbols): 5
Rolloff factor (0 to 1): 0.35
Upsampling factor (N): 8
Input processing: Columns as channels (frame based)
Rate options: Enforce single-rate processing
Filter gain: Normalized
Export filter coefficients to workspace
Visualize filter with FVTool
OK
Cancel
Help
Apply

图 4-39　升余弦滤波器参数设置

需要注意的是，由于升余弦滤波器的“Group delay”参数值为 5，此处会产生一个 5bit 的延时。

6) 信道模块

信道模块选用高斯白噪声信道(AWGN Channel)，参数配置如图 4-40 所示。其中，SNR 值可以根据需要进行改变，不同的 SNR 值将对应不同的误码率输出。

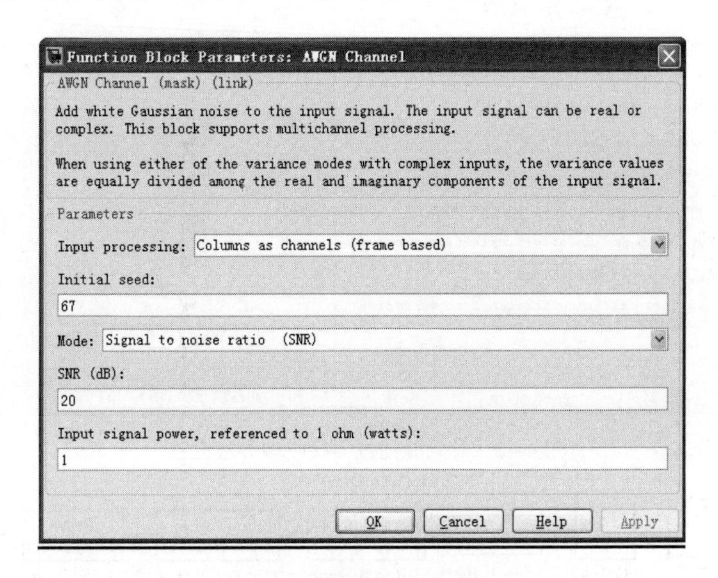

图 4-40 信道模块参数配置图

7) 解调模块

解调模块(QPSK Demod)主要包括下变频器、平方根升余弦滤波器、星座图显示器、QPSK 解调等模块，其仿真框图如图 4-41 所示。

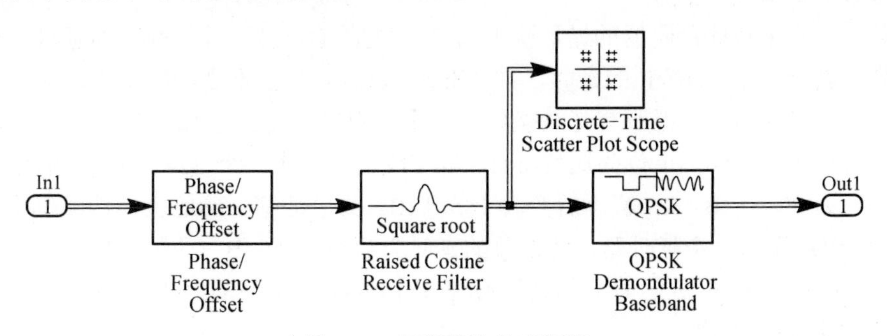

图 4-41 解调模块仿真框图

其中，频率搬移模块参数设置与调制模块中相反，Frequency Offset 的值设为-10MHz；升余弦滤波器参数设置如图 4-42 所示；其他模块参数选择默认。

需要注意的是，升余弦滤波器的“Group delay”参数为 5，会产生一个 5bit 的延时。

8) 信道解码模块

信道解码模块(Decoding)由维特比译码、延时器、交织解码器、RS 解码器等组成，其仿真框图如图 4-43 所示。

Function Block Parameters: Raised Cosine Receive Filter

Raised Cosine Receive Filter

Filter the input, and, if selected, downsample, using a normal or square root raised cosine FIR filter.

Main | Data Types

Parameters

Filter type: Square root

Input samples per symbol (N): 8

Group delay (number of symbols): 5

Rolloff factor (0 to 1): 0.35

Output mode: Downsampling

Downsampling factor (L): 8

Sample offset (0 to L-1): 0

Input processing: Columns as channels (frame based)

Rate options: Enforce single-rate processing

Filter gain: Normalized

☐ Export filter coefficients to workspace

Visualize filter with FVTool

OK | Cancel | Help | Apply

图 4-42　升余弦滤波器接收端参数设置

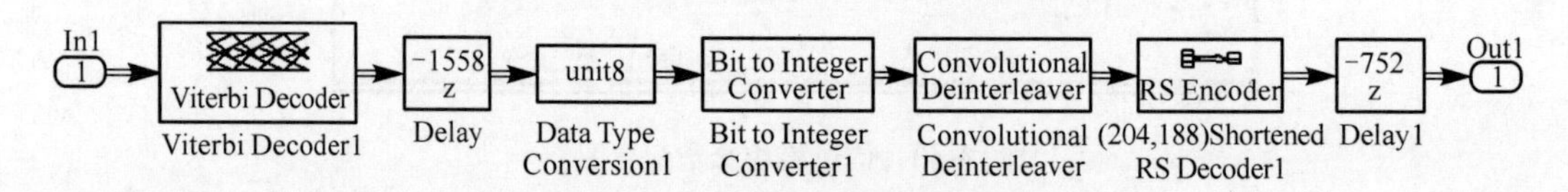

图 4-43　信道解码模块仿真框图

维特比译码器用来对卷积编码进行译码，其参数选择默认。交织解码器和 RS 码解码器的参数同信道编码部分。

注意：由于维特比译码器的循环深度为 34，此处会产生一个 34bit 的延时，加上前边升余弦滤波器产生的 10bit 的延时，共 44bit 的延时。为了不影响解交织，需要在解交织前添加一个延时器，使得所有延时能构成一个交织块，大小为 12×17B，该延时器延时应为 12×17×8-44=1588，单位为比特(bit)。解交织器会产生一个 12×17×11B 的延时，此时总的延时为 204×12B，RS 解码后变为 188×12B。为了能够正确的去掉伪随机扰码，需要在 RS 解码后添加一个延时器，使得总的延时为超帧（1504B）的整数倍。前边总的延时为 1504+188×12B，此处延时器的延时应为 3×1504-1504-188×12=752，单位为字节(B)。

9) 视频帧还原模块

该模块主要作用是将 TS 流帧还原为 MPEG2 视频文件的帧，具体来说就是从 TS 流 188 字节的帧中提取出 184B 的有用信息帧，其仿真框图如图 4-44 所示，其中 Selector 模块参数设置如图 4-45 所示。

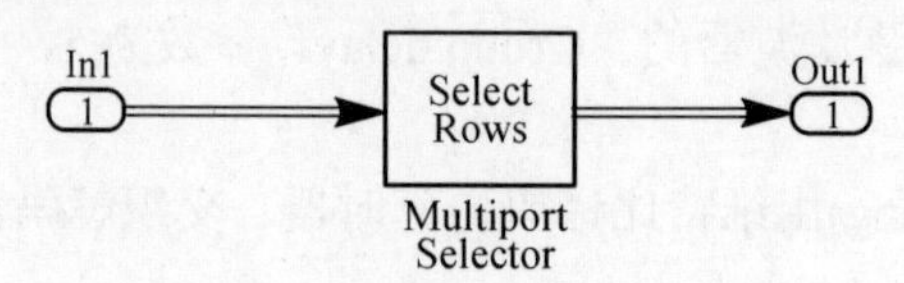

图 4-44　视频帧还原模块仿真框图

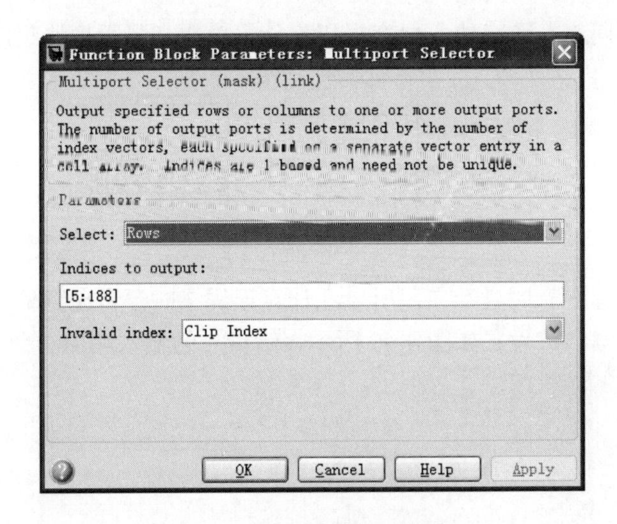

图 4-45　Selector 模块参数设置

10) 输出模块

输出模块（Output）主要作用是将接收到的数据写入新的视频文件，其仿真框图如图 4-46 所示。其中，Ts 文件写入模块（Write Binary File）的参数设置如图 4-47 所示。

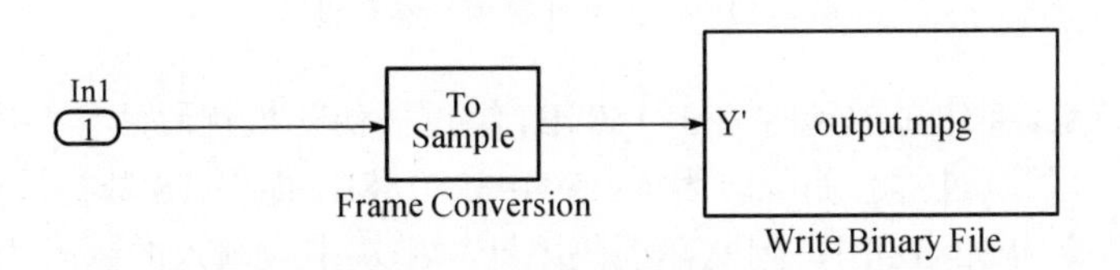

图 4-46　输出模块的仿真框图

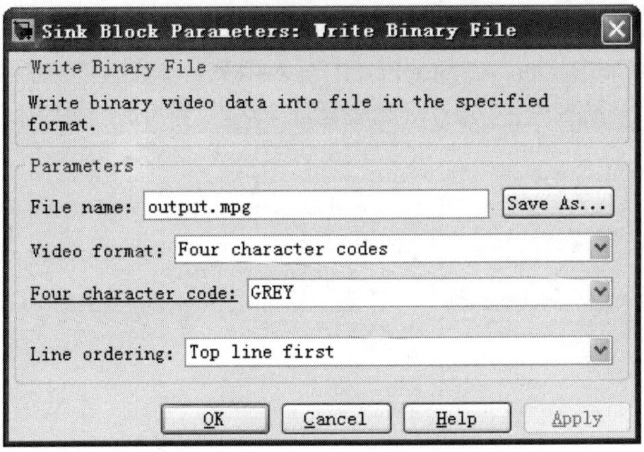

Sink Block Parameters: Write Binary File
Write Binary File
Write binary video data into file in the specified format.
Parameters
File name: output.mpg　Save As...
Video format: Four character codes
Four character code: GREY
Line ordering: Top line first
OK　Cancel　Help　Apply

图 4-47　视频文件写入模块参数设置

11) 误码率显示模块

误码率显示模块用来对传输前的数据和接收到的数据进行对比，并计算出信号传输过程中的误码率。此次实验中，分别采用信道编码前的数据和信道解码以后的数据作为对比数据，计算误码率。该模块主要有误码率计算模块和显示模块组成，仿真框图如图4-48 所示。

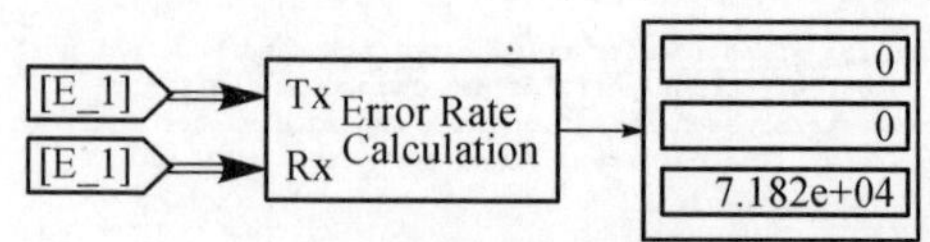

图 4-48　误码率显示模块仿真框图

由于在传输过程中有时延存在，所以在计算误码率时要考虑到信号的时延，并写入误码率计算模块，其参数设置如图 4-49 所示，给信号的输入端加一个 184×32B 的延时。

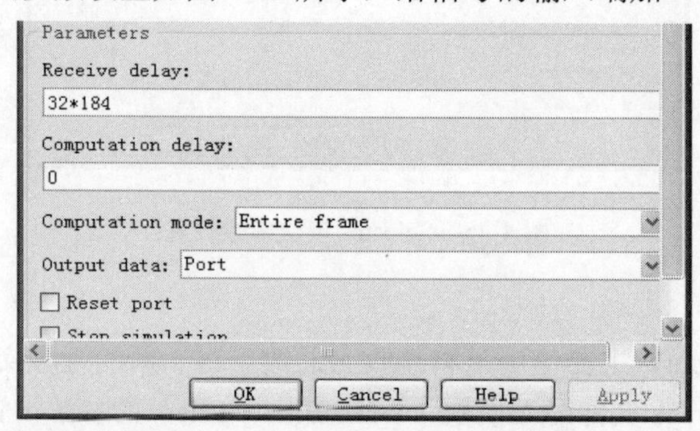

图 4-49　误码率计算模块参数设置

需要注意的是，前边总的延时为 3×1504B，经过去伪随机扰码后又会产生一个 1504B 的延时。因此整个仿真过程总的延时为 4×1504=32×188B，再将 TS 数据流的头部去掉（每帧 4B），延时就变为 32×184B，因此在误码率计算模块中应填入的延时为 32×184。

12) Callback 函数设置

由于仿真过程中存在延时，在写入文件时也会将延时写入文件，这可能会导致输出的视频文件无法播放。解决办法是在仿真结束后将文件中的延时删除。打开 file→Model Properties，并选择 CallBacks，在 StopFcn 中写入函数，如图 4-50 所示。

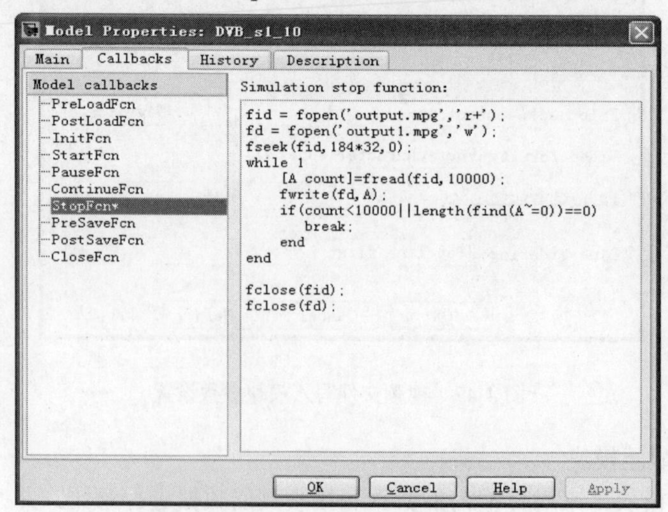

图 4-50　输出视频文件处理函数设置

2. 仿真结果及验证

1) 信号频谱图与星座图

信号在信道传输过程中的频谱图如图 4-51 所示，信号中频为 10MHz。

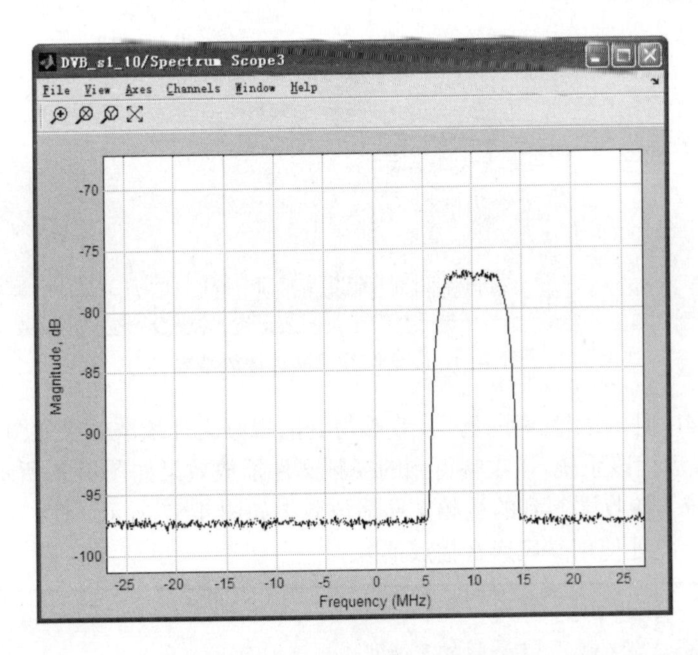

图 4-51　信号传输过程中的频谱图

信噪比分别为 SNR=5dB 的和 SNR=10dB 时，接收端信号的星座图如图 4-52、图 4-53 所示。

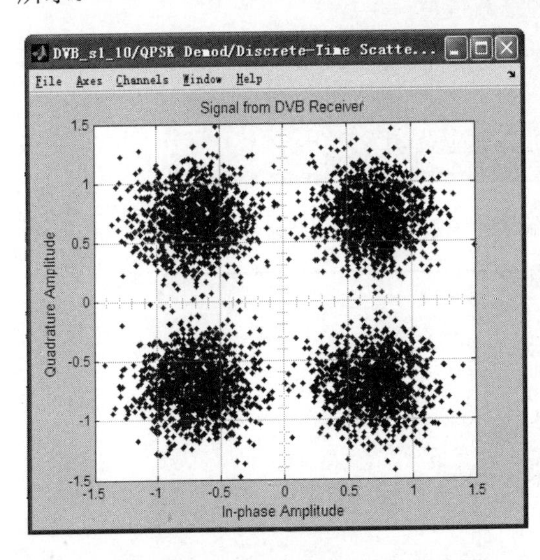

图 4-52　10dB 时接收端信号星座图

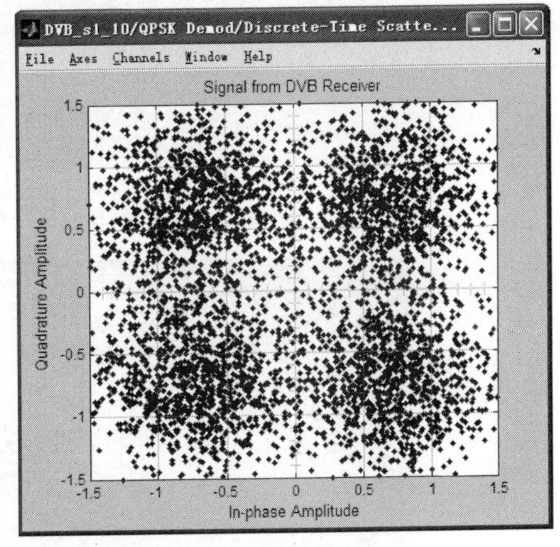

图 4-53　5dB 时接收端信号星座图

2) 视频传输效果展示

发送端视频文件播放结果，如图 4-54 所示。

图 4-54　发送端视频文件播放结果

当 SNR=5dB 时，运行该系统，接收端得到的视频文件播放效果如图 4-55 所示；当 SNR=4.2dB 时，运行该系统，接收端得到的视频文件播放效果如图 4-56 所示；当 SNR=4dB 时，运行该系统，接收端得到的视频文件播放效果如图 4-57 所示（注：不同的播放器解码能力不一样，此处使用暴风影音播放器）。

图 4-55　SNR=5dB 时接收端得到的视频文件播放结果

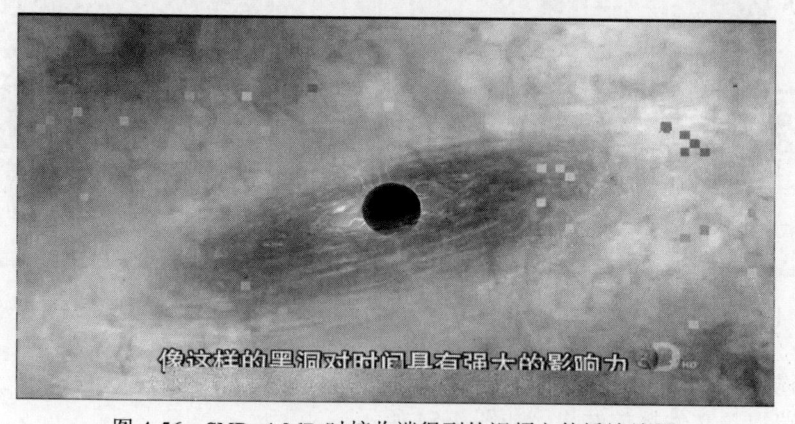

图 4-56　SNR=4.2dB 时接收端得到的视频文件播放结果

图 4-57　SNR=4dB 时接收端得到的视频文件播放结果

对比分析以上四张图片，可以看出，当 SNR=5dB 时，接收端接收到的视频无失真，此时误码率为 0；当 SNR=4.2dB 时，接收到的视频文件存在少量失真，播放效果一般，此时误码率较低，由 Error check 部分查看可知误码率 BER=0.0002543；当 SNR=4dB 时，接收端接收到的视频失真较严重，误码率较高，此时误码率 BER=0.001667。

表 4-4 为链路中各个模块产生的延时分析。

表 4-4　各模块在仿真过程中延时分析

<table>
<tr><th>模块</th><th colspan="2">延时</th><th>总延时</th></tr>
<tr><td>伪随机加扰模块</td><td colspan="2">1504B</td><td>188×8B</td></tr>
<tr><td>升余弦滤波器</td><td>10bit</td><td rowspan="3">204B</td><td rowspan="4">188×12B
(原为 204×12B，RS 解码后为 188×12B)</td></tr>
<tr><td>维特比译码器</td><td>34bit</td></tr>
<tr><td>延时器</td><td>1588bit</td></tr>
<tr><td>解交织模块</td><td colspan="2">204×11B</td></tr>
<tr><td>延时器</td><td colspan="2">752B</td><td>188×4B</td></tr>
<tr><td>伪随机解扰模块</td><td colspan="2">1504B</td><td>188×8B</td></tr>
<tr><td>总计</td><td colspan="3">188×32B</td></tr>
</table>

附录 1

调制与编码权衡

研究报告

指导老师：

班级： ____________

学号： ____________

姓名： ____________

20××年　　月　　日

目的和要求

通过实践教学设计，借助专用仿真工具及实践教学平台，增强动手能力以及通信系统设计与仿真技能的培养和锻炼，提高夯实相关课程理论知识的灵活应用能力和系统设计过程的工程实践能力，强化学生实践创新和独立开展科学研究的能力。

要求学生在实践教学平台应用引导下，熟练掌握 Matlab 和 Simulink 仿真工具，在此基础上开展通信系统设计与仿真验证的研究工作，注意结合相关课程的理论知识，通过典型通信系统的设计、仿真模型的实现以及所设计通信系统的链路调试，完成所设计通信系统的分析、评估和最优研究。

提交的研究报告要求叙述严谨，有独到的方法和见解，观察采集数据饱满，对比验证充分，分析结果正确。

研究环境

PC 机、Matlab r2009a/Simulink、VC++6.0、通信系统实践教学平台。

研究内容及要求

利用通信系统实践教学平台，同时基于 Matlab 编程语言及 Simulink 通信模块库，设计并搭建以不同传输业务、不同调制方式、不同信道编码方式、高斯信道等为主体的典型数字通信仿真系统，通过仿真验证系统的性能，同时与理论推导的结果进行对比验证，完成对系统的分析、评估和最优设计。

(1) 参考通信系统实践教学平台，研究高斯信道条件下的 MPSK（(M:2~4、E_b/N_0; 0~15dB)）误比特率性能（$P_b<10^{-6}$）与 E_b/N_0 之间的关系。

(2) 参考通信系统实践教学平台，研究高斯信道条件下的 QPSK 加信道编码 BCH、卷积码误比特率性能与 E_b/N_0 之间的关系。分析 BCH(63,51)对误比特率性能的影响。得到 1/2 卷积码在 $P_b=10^{-6}$ 时的编码增益。

(3) 参考通信系统实践教学平台，采用 MPSK 调制设计传输话音业务（录音传输）的典型数字通信系统，并确保可靠的话音传输：

- 系统需求：话音传输速率 64Kb/s, 误比特率 $P_b=10^{-4}$；
- 信道带宽：AWGN 无线信道，可用带宽是 32kHz;
- 接收功率：由于链路限制（发射机功率、天线增益、路径损耗等）导致接收端 P_r/N_0 为 57dB-Hz。

(4) 按照(3)的设计实现方案，如果传输业务由话音转为数据（速率 48Kb/s，$P_b=10^{-6}$），接收端 P_r/N_0 为 54.1dB-Hz，为确保可靠的数据传输，对（3）的设计实现方案进行修正。

(5) 参考通信系统实践教学平台，研究高斯信道条件下 MFSK(M:2~16、E_b/N_0: 0~15dB) 误比特率性能与 E_b/N_0 之间的关系。

(6) 参考通信系统实践教学平台，采用 MFSK 调制设计传输数据业务的数字通信系统，并确保可靠的数据传输：

- 系统需求：数据传输速率 64Kb/s, $P_b=10^{-6}$；

● 信道带宽：AWGN 无线信道，可用带宽是 450kHz(非相干检测正交 MFSK 最小带宽 $B=MR_s$)；

● 接收功率：由于链路限制（发射机功率、天线增益、路径损耗等）导致 P_r/N_0 为 56.2dB-Hz。

按以下内容条目完成研究报告：

研究过程描述图：

仿真框图：

参数设置：

运行结果：

结果分析（理论依据）：

主要参考资料（电子书和资料）

[1] 邵玉斌.《MATLAB/SIMULINK 通信系统建模与仿真实例分析》,北京：清华大学出版社, 2008：52-80.

[2] [美]Bernard Sklar.《数字通信——基础与应用（第二版）》. 徐平平,等译.北京：电子工业出版社，2002：400-425.

附录 2

ITU 标准 SCPC 通信系统体制研究报告

指导老师：

班级：________________

学号：________________

姓名：________________

20××年　　月　　日

研究一

附表 2-1 给出的是 ITU 标准 SCPC 通信系统传输话音数据等业务的指标参数列表。

附表 2-1　指标参数列表

系统	SCPC	系统	SCPC
业务	话音	业务	数据
编码方式	7bitA 律 PCM	编码速率 R_c	64Kb/s
采样速率	8kHz	3/4 卷积编码信息速率	④
传输速率 R_b	①	7/8 卷积编码信息速率	⑤
调制方式	QPSK	调制方式	QPSK
码元速率 R_s	②	码元速率 R_s	②
RF 通道带宽	45kHz	RF 通道带宽	45kHz
滚降系数 α	0.19	滚降系数 α	0.19
奈奎斯特最小带宽 B_{min}	③	奈奎斯特最小带宽 B_{min}	③
门限误比特率	10^{-3}	门限误比特率	10^{-4}
高质量话音比特率	10^{-4}	误比特率 10^{-4} 时 E_b/N_0	⑥

(1) 完成①给出计算过程；说明 PCM 编码过程，并给出 SCPC 系统中 PCM 话音通道格式。

(2) 完成②给出计算过程；完成③给出计算过程；绘出 SCPC 系统发中频信号频谱。

(3) 完成④给出计算过程；完成⑤给出计算过程；说明编码增益概念。

(4) 完成⑥给出计算过程；并通过 E_b/N_0 计算 C/N、C/T。

研究二：话音业务可靠传输

附表 2-2 给出的是确保话音业务可靠传输可调度技术指标列表：

附表 2-2　技术指标表

业务：SCPC 高质量话音信道（误码率 10^{-4}）					
射频发送	发射天线直径	5m	射频接收	接收天线直径	1.5m
	天线效率 η（增益系数）	0.8		天线效率 η（增益系数）	0.8
	功放输出增益	70dB		天线增益	②
	天线增益	①		接收延迟	28
上行损耗	传输距离	36000km		下行频率	4GHz
	上行频率	6GHz		下行损耗	④
	上行损耗	③		相位噪声	60dBc/Hz
星上转发	发射天线直径	0.5m		噪声温度	100K
	天线效率 η（增益系数）	0.8		频率偏移	0Hz
	噪声温度	300K		频率补偿	1Hz
	功放输出增益	84dB		接收天线输出信号功率电平	⑤
	转发 ERIP	40W			

(1) 完成①给出计算过程；完成②给出计算过程。

(2) 完成③给出计算过程；完成④给出计算过程。

(3) 完成⑤给出计算过程；并求出接收 C/N，并与模拟训练系统中的 SCPC 仿真链路的结果进行对比验证。

研究三：卫星通信故障分析及排除故障方法

附表 2-3 给出的是某一 SCPC 卫星通信系统的工程化指标。

附表 2-3　工程化指标列表

<table>
<tr><td colspan="6">业务：SCPC 高质量话音信道（误码率 10^{-4}），故障：数据传输无法恢复</td></tr>
<tr><td rowspan="4">射频发送</td><td>业务速率</td><td>64000b/s</td><td rowspan="12">射频接收</td><td>接收延迟 1</td><td>28</td></tr>
<tr><td>功放输出增益</td><td>70dB</td><td>接收延迟 2</td><td>28</td></tr>
<tr><td rowspan="2">发射天线直径</td><td rowspan="2">5m</td><td>下行频率</td><td>4GHz</td></tr>
<tr><td>接收天线直径</td><td>3m</td></tr>
<tr><td rowspan="4">上行损耗</td><td rowspan="2">传输距离</td><td rowspan="2">36000km</td><td>天线效率 η
（增益系数）</td><td>0.8</td></tr>
<tr><td>噪声温度</td><td>100K</td></tr>
<tr><td rowspan="2">上行频率</td><td rowspan="2">6GHz</td><td>相位噪声</td><td>60dBc/Hz</td></tr>
<tr><td>频率偏移</td><td>0Hz</td></tr>
<tr><td rowspan="4">星上转发</td><td>天线效率 η
（增益系数）</td><td>0.8</td><td>去直流</td><td>0Hz</td></tr>
<tr><td>噪声系数</td><td>300K</td><td>频率补偿</td><td>1Hz</td></tr>
<tr><td>发射天线直径</td><td>0.14m</td><td></td><td></td></tr>
<tr><td>功放输出增益</td><td>84dB</td><td></td><td></td></tr>
</table>

(1) 按照上表配置仿真参数。

(2) 计算接收 C/T 值，估算门限余量。

(3) 建立观测点，测量并显示功率谱、信号波形、星座图、误比特率、信号电平等，通过分析观察，寻找故障原因。

(4) 提出数据可靠传输的方法，实现数据可靠传输，并对比故障前观测的结果得出结论。

参 考 文 献

[1] 夏克文，张更新，甘仲民.卫星通信.西安：西安电子科技大学出版社，2008.

[2] 吕洪生，杨新德，刘德军，等.实用卫星通信工程.成都：电子科技大学出版社，1994.

[3] European Telecommunication Standard Institute.ESI300421，1994.

[4] 赵刚，等.扩频通信系统实用仿真技术.北京：国防工业出版社，2009.

[5] 丁亦农.Simulink 与信号处理.北京：北京航空航天大学出版社，2010.

[6] 邵玉斌.Matlab/Simulink 通信系统建模与仿真实例分析.北京：清华大学出版社，2008.

[7] 邵佳，董辰辉.MATLAB/Simulink 通信系统建模与仿真实例精讲.北京：电子工业出版社，2009.

[8] 郑智琴.Simulink 电子通信仿真与应用工程师工具软件应用系列. 国防工业出版社，2002.

[9] 吕跃广，等.通信系统仿真.北京：电子工业出版社，2010.

[10] [美] Bernard Sklar 著.数字通信——基础与应用（第二版）. 徐平平，等译.电子工业出版社，2002

[11] Louis J.Ippolito 著.卫星通信系统工程. 孙宝升,译.国防工业出版社，2012.

[12] MathWorks.Inc..MATLAB®version7.8.0（R2009a），User's Guide.2009.